全国高职高专"十三五"规划教材

办公软件应用案例教程

主　编　洪亚玲　杨志茹

副主编　刘星海　向　磊　何苏博　申湘琴

中国水利水电出版社

www.waterpub.com.cn

·北京·

内 容 提 要

Office 是现代办公的基础软件，广泛应用于各行各业，其中 Office 2010 版本是目前较常用的版本，具有操作简单、功能强大等特点。本书以"注重实践，强调技能"为主线，主要内容包括办公环境准备、PowerPoint 应用、Word 应用、Excel 应用、Visio 应用、常用工具软件。每章先系统介绍相应办公软件的基本操作方法，再给出具体案例，并通过详细解决方案来帮助读者掌握应用软件的高级操作技能，提高软件的使用效率。

本书可以作为高等院校计算机公共课教材，也可作为培训机构的培训用书。

图书在版编目（C I P）数据

办公软件应用案例教程 / 洪亚玲，杨志茹主编. --
北京：中国水利水电出版社，2019.9
全国高职高专"十三五"规划教材
ISBN 978-7-5170-8027-5

Ⅰ. ①办… Ⅱ. ①洪… ②杨… Ⅲ. ①办公自动化—
应用软件—高等职业教育—教材 Ⅳ. ①TP317.1

中国版本图书馆CIP数据核字(2019)第199083号

策划编辑：周益丹　　责任编辑：张玉玲　　加工编辑：石永峰　　封面设计：李　佳

书　　名	全国高职高专"十三五"规划教材 办公软件应用案例教程 BANGONG RUANJIAN YINGYONG ANLI JIAOCHENG
作　　者	主　编　洪亚玲　杨志茹 副主编　刘星海　向　磊　何苏博　申湘琴
出版发行	中国水利水电出版社 （北京市海淀区玉渊潭南路 1 号 D 座　100038） 网址：www.waterpub.com.cn E-mail: mchannel@263.net（万水） 　　　　sales@waterpub.com.cn 电话：(010) 68367658（营销中心）、82562819（万水）
经　　售	全国各地新华书店和相关出版物销售网点
排　　版	北京万水电子信息有限公司
印　　刷	三河市鑫金马印装有限公司
规　　格	184mm×260mm　16 开本　14.75 印张　363 千字
版　　次	2019 年 9 月第 1 版　　2019 年 9 月第 1 次印刷
印　　数	0001—3000 册
定　　价	39.00 元

前　　言

随着科学技术的突飞猛进，各行各业信息化程度在不断提高，用人单位对工作人员的办公技能提出越来越高的要求。熟练地使用办公应用软件，适应信息化发展的需要，已成为各行各业从业人员必须掌握的一项技能。

Microsoft Office 2010 是美国微软公司推出的智能商务办公处理软件，其界面简洁、清晰明了，能够适应企业业务程序功能日益增多的需求，得到了广泛应用。为帮助广大读者快速掌握 Office 常用组件 Word、Excel、PowerPoint、Visio 在办公领域的运用技巧，提高办公操作技能，编者根据多年的实践和教学经验，结合企业的实际需求与学生的实际运用出发，精心挑选案例。每个案例都采用"学习目标"→"案例分析"→"知识准备"→"解决方案"→"知识拓展"→"拓展案例"→"拓展训练"→"案例小结"的结构组织内容。"学习目标"简要介绍通过本案例要学习掌握的知识、能力运用目标；"案例分析"简明扼要地分析了案例的背景需求、效果展示和要做的工作；"知识准备"简要介绍需要知道的知识点；"解决方案"给出详细的案例解决方法与操作步骤，其间有提示来帮助理解；"知识拓展"对案例中涉及到的知识点进行补充，同时对相关需要注意的知识点进行介绍；"拓展案例"补充或强化主案例中的知识和技能，加强对知识和技能的理解；"拓展训练"结合案例内容给学生提供难易适中的操作题目，通过练习，强化和巩固所学知识；"案例小结"总结并归纳案例中涉及的知识点。

本书以学习者为中心，以企业的能力需求为目标，结合学生的实际运用进行选材，本着"学生实用，教师好用，企业需求"为原则编写，注重理论与实践一体化，针对性强，应用面广，教学内容安排遵循学生职业能力培养基本规律以及符合学生思想政治教育要求。

本书由洪亚玲、杨志茹主编，具体编写分工如下：杨志茹编写第 1 章，何苏博编写第 2 章，洪亚玲编写第 3 章，刘星海编写第 4 章，向磊编写第 5 章，申湘琴、洪亚玲编写第 6 章，全书由洪亚玲统稿。本书在编写过程中得到了学校领导和老师们的支持，李春奇、黄宁给本书提供了素材，刘洪亮、崔曙光、袁润、黄海等对本书提出了很多创新性建议，在此一并向他们表示衷心的感谢。

由于编者水平有限，书中难免存在错漏与不足之处，恳请广大读者批评指正。

编 者
2019 年 6 月

目　　录

第 1 章　办公环境准备

由于计算机的应用已十分普及，选购或配置计算机时只要到当地的电脑市场进行调查，与销售人员或技术人员进行交流、查阅资料和技术参数指标，即可了解计算机的品牌、厂商、参数、性能、价格和市场行情，然后根据需要制定出计算机的选购方案。

本篇从选购到使用计算机的工作需求角度考虑，设置了三个工作案例：选购商用计算机、选购组装计算机、计算机系统设置，以这三个比较典型的案例为行动导向，介绍计算机组成基本知识，训练计算机选购与安装、使用的基本技能。本章的工作任务和技能点之间的关系如下所示。

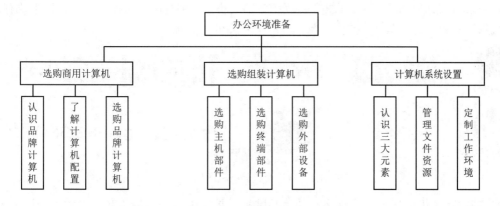

案例 1　选购商用计算机

【学习目标】

（1）认识品牌计算机。
（2）了解计算机基本配置。
（3）选购适合办公环境使用的品牌计算机。

【案例分析】

在现代化的公司，从事研发的技术人员一般配有用于软件开发的专用计算机系统，从事管理的职员一般配有办公用计算机系统，用于查阅和收发公司内部信息、公文、资料，处理具体工作任务，接受管理部门的监督考核和管理。2019 年 7 月，某公司上岗了几名新员工，小李也是其中一员，他要为自己和其他新员工选购几台商用计算机，主要用于办公事务处理和上网检索信息，能运行 Windows 10、Office 2010 办公软件即可，要求计算机系统稳定可靠、售后服务好，价格在 5000 元以内。

【知识准备】

要选购商用计算机，需要具备一些计算机基本知识，还要了解商用计算机硬件的主要技术指标、主要配置参数和市场价格。我们可以通过对计算机硬件市场调查，比较不同供应商的配置参数和价格，即可制定商用计算机的选购方案。

计算机是一种电子产品，每一种商品都有生产厂商和商品品牌。不同厂商之间由于市场定位、性能价格、售后服务等方面因素，其品牌策略有一定的差异。因此，在选购计算机之前，应认识品牌机及它们之间的区别。

【解决方案】

1. 认识品牌计算机

（1）了解常用计算机品牌。小李去电脑城了解了目前知名的国内外计算机品牌。从市场观察可知国内品牌计算机主要有：联想、华为、宏碁、小米、神舟等，国外品牌计算机主要有：惠普、戴尔、苹果、三星等。图 1.1.1 为一些常见品牌机的商标。

图 1.1.1　常见台式品牌机商标

（2）理解品牌机的概念。人们俗称的"品牌机"是指由有一定规模和技术实力的计算机生产厂商生产并标识有注册商标的计算机。品牌机一般有系统化的设计、规模化的生产、严格的测试、良好的售后服务和大公司的信用等级，因此计算机的质量有保障。

品牌计算机可以根据用途分为两大类，一类为家用计算机，另一类为商用计算机。家用计算机多讲究多媒体的应用、娱乐以及人性化操作，尽量发挥出机器的个性化，而商用计算机是为适应商业用户的需求而设计制造的，讲究的是工作稳定和办公效率及安全，其采购对象是中小企业、政府、金融、教育行业等，多为批量采购。

由于计算机零部件的市场选购十分方便，电脑爱好者往往会根据自己的需要加强和强调某方面的性能，从而考虑自行定制和组装计算机。但是考虑计算机的兼容性，人们习惯称组装机为兼容机。因为组装机的各个硬件之间难免会存在兼容性，而且系统测试不严，从而影响计算机的稳定性和可靠性。

品牌机内部结构一般与组装机大致相同，有些世界级品牌计算机有时会采用一些特殊的结构和专用接口，以达到更好的电气性能和特定的目的。不同品牌的计算机都有自己的特色和维护技术支持网络，比较注重售后服务。

现在市面上的品牌计算机无论从品牌上、产品系列上都相当得丰富，既有实力雄厚的国际知名品牌计算机，也有国内产能和市场销售量大的知名的品牌计算机，还有一些申请了品牌以后自己组装，并在当地或一些区域范围内有一定名气的贴牌计算机。

2. 了解计算机配置

计算机主要部件的功能和技术参数决定了计算机的整机性能。要购置计算机，首先需要了解计算机的基本配置、性能，以及影响计算机整机性能的主要参数，然后根据需求确定所购计算机的配置方案。

现在计算机已经不再是简单的文字处理机器，已经发展成一个拥有强大的多媒体信息处理和网络传输功能的系统。从外观上看，计算机主要由主机、显示器、键盘、鼠标等组成，如图 1.1.2 所示。

图 1.1.2　一套标准的个人微型计算机

（1）主机的基本配置。计算机的主机包括中央处理器、内存条、硬盘驱动器、光盘驱动器、功能扩展卡、机箱和电源等。

1）中央处理器（CPU）。CPU 是计算机的核心部件，是整个计算机的控制指挥中心。目前，市场主流 CPU 品牌有 Intel 和 AMD，两公司的产品性能相近，各有千秋，但一般 AMD 的同级产品价格略低，性价比更好些。

2）内存条。内存以存储芯片（内存条）的形式出现，计算机在运行过程中数据临时存储在内存中，同时也是沟通 CPU 与其他设备的桥梁。内存分为随机存取存储器（Random Access Memory，RAM）和只读存储器（Read Only Memory，ROM）。平时选购计算机时提到的内存指的都是 RAM。

3）主板。主板是计算机中最大的一块多层印刷电路板。具有 CPU 插槽及其他外设的接口电路的插槽、内存插槽；另外还有 CPU 与内存、外设数据传输的控制芯片（即所谓的主板"芯片组"）。它的性能直接影响整个计算机系统的性能；同时，它与 CPU 密切相关，必须根据 CPU 来选购支持其芯片组的主板。

4）显示卡。显示卡又称为显示适配器，是主机与显示器通信的控制电路和接口，负责将主机发出的数字信息转换为模拟的电信号送给显示器显示。

5）硬盘驱动器。计算机中的绝大部分数据存储在硬盘上，比如说操作系统、应用程序等，而几乎所有的用户数据也都是存储在硬盘上。硬盘是微型计算机不可缺少的硬件设备之一。

6）光盘驱动器。光盘具有容量大、易保存、携带方便的特点，是现在的程序、数据、视频等数字信号的主要保存方式之一。光盘驱动器主要有 CD-ROM、DVD-ROM、COMBO、CD-RW、DVD-RW 等。

7）机箱和电源。机箱的主要作用是保护内部设备，屏蔽机箱里面的各配件免受外界电磁场的干扰。电源供给系统要求的直流电源；事实上机箱和电源是两个部分，但计算机组装中这两个部件一般是成套卖的。

8）键盘和鼠标。键盘是向计算机输入数据和指令的设备。鼠标是计算机中的定点设备，在图形方式下使用鼠标极大地方便了计算机的使用者。

（2）显示器的配置。显示器是计算机的输出设备，是用户与计算机进行交流的桥梁。我们输入的命令被计算机执行后的结果最主要的方式就是通过显示器显示出来。

按显示方式的不同，显示器可分为显像管显示器和液晶显示器，目前市场上的个人计算机系统基本选用液晶显示器。按显示器的尺寸大小，常见的有 17、19、23 英寸等。

3．选购品牌计算机

（1）办公使用配置。选购商用计算机时，在购买前要弄清楚自己的需求，用户的需求和类型决定了如何购买和购买什么样的计算机产品，品牌计算机的官方网站都可以查阅到产品信息，也可以拨打厂商提供的售前服务电话咨询，客服人员会根据客户的需求推荐相应的产品。由于商用计算机产品销售途径差异化，用户购买方式也不尽相同，有通过零售、网络直销、招标、协商购买等方式可供用户选择。

如果是中小型企业，就可以选购厂商专门为中小企业设计生产的产品，这类产品大多数在市场中销售，当然也可以通过直接订购方式购买。教育、医院、政府机构更多是以招标、投标和集中采购方式销售，其销售过程中，产品配置较为灵活，一般厂商都会根据客户要求，对于产品配置进行调整，当然产品价格也会随之改变。

小李去某计算机品牌专卖店看中了一款商用计算机，此机型适合办公使用，配置如表 1.1.1 所示。

表 1.1.1　某品牌商用计算机配置单

配置	品牌型号	价格（元）
CPU	Intel 酷睿 i7 8700	2399
主板	技嘉 B360M D3H	769
内存	金士顿 8GB DDR4 2666（KVR26N19S8/8）	668
硬盘	希捷 FireCuda 1TB 7200 转（ST1000DX002）	559
显卡	华硕 DUAL-GTX 1050Ti-4G	1199
电源	航嘉 MVP K650	559
总计		6153

（2）图形工作站配置。面向网页设计、广告设计、建筑装饰装潢、影视动画、游戏制作、多媒体教学课件设计等与计算机图形图像设计制作相关的行业使用的商用机经常称为图形工作站。

针对办公使用的图形工作站配置，小李同样收集了具体配置，配置如表 1.1.2 所示。

表 1.1.2　某品牌入门级图形工作站配置单

配置	品牌型号	价格（元）
CPU	Intel 酷睿 i7 8700K	2799
主板	华硕 PRIME H370M-PLUS	999

续表

配置	品牌型号	价格（元）
内存	金士顿骇客神条 FURY 16GB DDR4 2400（HX424C15FB/16）	629
硬盘	希捷 BarraCuda 2TB 7200 转 256MB（ST2000DM008）	389
固态硬盘	三星 PM981 PCIE NVME（256GB）	799
显卡	索泰 GeForce RTX 2060-6GD6 至尊 PLUS OC6	3099
机箱	酷冷至尊 MasterBox Lite 5（睿）	279
电源	海韵 FOCUS 650GC	509
散热器	酷冷至尊暴雪 T400i	99
总计		9601

【知识拓展】

1. 商用计算机选购要点

（1）考虑定位。好比量体裁衣，在采购商用品牌计算机之前首先要给自己定位。比如，做贸易的公司和做图形设计的公司所需的商用机肯定有很大的差别。随着行业计算机的推行，市场上的商用计算机将会呈现出较强的应用针对性，这一点不论是在硬件还是软件上的配置都可以鲜明地体现出来。

（2）考虑应用。确定自己的需要定位之后，还应该清楚商用机具体的应用。在各大品牌的商用机产品线上，有高中低档不同的配置。不了解具体的应用范围采购之后，不是造成计算机配置太弱就是造成资源浪费。

（3）考虑产品质量。计算机的使用是为了提高工作效率，如果买回来的计算机频繁地发生故障，非但没能提高效率，还会带来业务上的损失或重要数据的丢失等麻烦。因此，稳定性对于商业用户来说压倒一切。从另一方面来说，质量过硬的产品还可以为用户节省出一大笔维修和维护的费用，避免用户在经济上的损失。

（4）考虑安全性。对于中小企业的用户来说，通过计算机保护一些重要的财政、税务信息当然十分重要，同时也必须警惕现在形形色色的各类计算机"病毒"侵袭，所以在计算机采购的同时一定要注意产品中是否预装了正版的杀毒软件，产品在软件、硬件设计上是否采取了保护措施等。

（5）考虑售后服务。国内外厂商都有不同的售后服务供用户选择，各有优势、各有特色。

2. 笔记本电脑选用

（1）笔记本电脑与台式机的主要区别。

笔记本电脑是一种小型、便于携带的个人计算机。

主板：基本架构和台式机基本一样，只是在布局、形状和接口设计上有特殊之处。

CPU：用于笔记本电脑的 CPU 称为"移动处理器""移动 CPU"，因其供电条件的特殊性，必须尽量降低功耗和发热量，所以，在运算速度相近的条件下，笔记本电脑的 CPU 比台式机的 CPU 要贵一些。

内存：一般都集成在主板上，另外配备了若干个内存扩展槽。

硬盘：分为普通硬盘和 SSD 硬盘（固态硬盘），一般笔记本电脑采用 2.5 英寸硬盘，台式机是 3.5 英寸硬盘。

显卡：多采用集成显卡，如果是独立显卡，一般也都是焊接在主板上的。

显示器：与台式机相比，要考虑省电等问题。

声卡：绝大多数都是集成声卡。

电池：现在都采用锂离子电池。

无线网络设备：基本都标配了无线网卡和蓝牙适配器。

（2）笔记本电脑的选购要点。笔记本电脑硬件配置的技术指标和台式机大同小异，其他可以考虑的选购要点如下。

1）外壳材料：主要有 ABS 工程塑料和合金两种。ABS 工程塑料外壳成本低，缺点是重、导热性能欠佳。钛合金外壳能承受的压力大，散热效果好，但成本高。

2）散热性能：散热性能和产品的散热设计、内部硬件布局、CPU 种类、外壳方面都有关系。购买时可以开机后选择系统资源占用率高的软件运行一段时间，然后用手去触摸机身底壳和侧面的散热口，感觉其是否烫手。也可以到网上下载一个测试温度的软件，这种测试方法更为精确。

3）外部接口：尽量选购接口比较丰富的机型。

4）重量：如果需要经常携带，一定要好好考虑重量的问题，一般实际重量是厂家所宣称的重量加上电池、外接电源和电脑包。

5）液晶显示屏：除了选择理想的尺寸，还要检查是否有坏点（主要看是否有"亮点"，它是坏点中的一种），检测方法是使用专业的显示器测试软件。目前有少数几个品牌承诺 LCD 无坏点。

6）检查随机附件是否齐全，检查保修卡、发票，以便售后服务有保障。

3．计算机的发展

计算机从 1946 年在美国诞生以来，经历了电子管、晶体管、集成电路和超大规模集成电路四个发展时代。从占地 170 平方米、1.8 万个电子管、重 30 吨、每秒运算 5000 次的第一台计算机 ENIAC，到现代只有书本大小、每秒运算千万亿次的超级计算机，计算机的性能发生了巨大的变化。计算机正朝着微型化、网络化、智能化方向发展。

4．计算机系统组成

计算机是能根据给定程序自动地由电子线路实现运算和处理信息，并具有数据输入、输出及记忆功能的电子系统设备。计算机系统的基本组成包括硬件系统和软件系统两大部分。硬件是指组成计算机的各种物理设备，软件是计算机运行所需要的程序、数据以及相关的文件资料的总称，如图 1.1.3 所示。

（1）计算机硬件系统。计算机的硬件系统由五大功能部件组成，即运算器、控制器、存储器、输入设备和输出设备。硬件系统的核心是中央处理器（Central Processing Unit，CPU），它主要由控制器、运算器等组成。存储器是计算机用来存储信息的部件，分为内存储器和外存储器。计算机的外存储器主要有硬盘、光盘和 U 盘。输入设备是给计算机输入信息的设备。常见的输入设备有键盘、鼠标、扫描仪、手写笔、触摸屏、摄像头等。输出设备是输出计算机处理结果的设备。常见的输出设备有显示器（阴极射线、液晶）、打印机（针式、喷墨式、激光式）等。

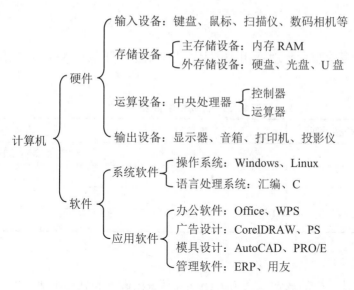

图 1.1.3　计算机系统组成

（2）计算机软件系统。计算机软件系统包括系统软件和应用软件两大类。系统软件是指控制和协调计算机及其外部设备、支持应用软件的开发和运行的软件。主要包括：操作系统软件（如 MS-DOS、Windows、Unix、Linux、Netware 等）、各种语言处理程序（如 C 语言、Java语言及其编译、解释程序等）、数据库管理系统（如 SQL、Visual FoxPro 等）、各种服务性程序（如诊断程序、杀毒程序等）。应用软件是人们为了解决各种实际工作的需要而开发的软件，如办公软件 Office、图像处理软件 Photoshop、财务管理软件、零件加工生产程序和自动控制程序等。

5. 计算机工作原理

计算机的基本工作原理是由美籍匈牙利数学家冯·诺依曼提出的，即存储程序原理。其基本思想是根据如图 1.1.4 所示的计算机硬件系统，首先将编好的程序和数据通过输入设备送入存储器；计算机从存储器中取出程序指令送到控制器去识别，分析该指令要求什么事；然后控制器根据指令的含义发出相应的命令（如加法、减法），将存储单元中存放的操作数据取出送往运算器进行运算，再把运算结果送回存储器指定的单元中；当运算任务完成后，就可以根据指令将结果通过输出设备输出，完成后再取下一条指令，循序执行。

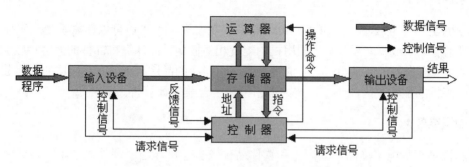

图 1.1.4　计算机硬件系统组成

【拓展训练】

各大计算机品牌都有自己针对商用的产品系列，请对照下面的表 1.1.3 搜集资料，搜集 3~4 个品牌。

表 1.1.3　品牌机配置表

品牌	商用机产品系列	推荐款	推荐理由
联想	扬天		稳定性好，性价比高

【案例小结】

本案例通过商用计算机的选购，介绍了计算机系统由硬件和软件组成，硬件系统由五大功能部件组成，即运算器、控制器、存储器、输入设备和输出设备，软件分为系统软件和应用软件，还介绍了计算机的工作原理，品牌机及其特点。

通过本案例的学习，应掌握计算机系统的组成，理解计算机的基本工作原理，熟悉商用计算机的主要技术指标和选购要点，能从硬件市场制定商用计算机的选购策略，能看懂品牌计算机配置单中的内容，并能根据企业或个人的需求，从市场上的主流计算机品牌中选购适合的商用计算机。

案例 2　选购组装计算机

【学习目标】

（1）能够根据主要参数选购主机部件。
（2）能够选购常用的外部设备。
（3）选购适合家庭环境使用的组装计算机。

【案例分析】

小李的工作任务较重，打算买一台计算机放在家里，下班后可以在家里处理工作上的事情，平时也能上网或听音乐。由于商用机的配置相对固定，而计算机部件的兼容性较强，配置灵活，可以根据个人的要求组合，在价格上要比同档次的品牌机便宜，花同样的钱组装计算机可以买更高档的配备，因此小李决定为自己组装一台兼容计算机。

【知识准备】

计算机是一种电子产品，其硬件和软件品种较多，可能由于硬件搭配不当，或驱动程序等软件问题导致系统不兼容而出现一些故障也是常事。个人掌握一些计算机硬件、软件知识和日常故障维护方法，对常见故障或问题具有一定的处理能力，掌握一些组装和维护计算机的技能就可以解决日常工作和亲戚朋友的计算机使用中的问题。

【解决方案】

自己组装计算机时需要选购主机、外部设备和终端，其中最基本的部件包括：CPU、主板、内存条、硬盘、机箱、电源、显卡、显示器、键盘、鼠标等。

1. 选购主机部件

计算机的主机包括有 CPU、主板、内存条、显卡、声卡等。

（1）选购 CPU 部件。CPU 作为计算机的核心，其性能的高低直接影响到整台计算机的性能高低。不同时期 CPU 的类型是不同的，每种类型的 CPU 在处理速度、针脚数、主频、工作电压、接口类型、封装等方面都有差异，只有购买与主板支持 CPU 类型相同的 CPU，二者才能配套工作。图 1.2.1 是一款 AMD 品牌 CPU 的正面，图 1.2.2 是一款 Intel 品牌 CPU 的反面。

图 1.2.1　AMD 品牌 CPU 正面

图 1.2.2　Intel 品牌 CPU 反面

两大品牌的产品系列都比较多，更新换代也很快。单核 CPU 逐渐退出了历史舞台，双核、多核 CPU 已经进入了市场主流。选购 CPU 时可以考虑以下性能指标：

1）主频：即 CPU 内核工作的时钟频率，单位为兆赫（MHz）。CPU 的主频和运算速度存在一定的关系，提高主频对于提高 CPU 运算速度是至关重要的。

2）前端总线（FSB）：前端总线是 CPU 与主板北桥芯片或内存控制集线器之间的数据通道，其频率高低直接影响 CPU 访问内存的速度。

3）二级缓存：二级缓存容量的大小对 CPU 的性能影响很大，在 CPU 核心不变化的情况下，二级缓存容量大则性能越高。

提示：由于 CPU 主频对 CPU 运算速度有着直接的影响，DIY 爱好者们通过各种方法来提高 CPU 的主频，从而提高 CPU 的运算速度，这就是超频。尽管通过超频可以有效提升 CPU 的运算速度，但超频也具有一定的危险性，如硬件发热或部分逻辑电路不能响应等产生死机现象。

（2）选购主板。主板是计算机主机中最大的一块集成电路板，集成有 CPU 插槽、内存条插槽、BIOS 芯片、各种控制芯片、各种扩展插槽、跳线开关、键盘接口、鼠标接口、指示灯接口、主板电源插座、软驱接口、硬盘接口、串行接口、并行接口等，它把计算机的 CPU、内存和各种外围设备有机地联系在一起。图 1.2.3 是一块主板。

选购主板可以考虑以下几个方面：

1）主板的品牌。目前市面上主板的品牌有很多，如华硕、技嘉、微星、精英、富士康、映泰、磐英、磐正、英特尔、梅捷、威盛、华擎、七彩虹、昂达等，有一定设计功底的厂商的产品质量都比较可靠。

图 1.2.3　某品牌主板

2）芯片组类型。因为主板上的芯片组是 CPU 与周边设备沟通的桥梁，主宰着主板的性能。按照在主板上的排列位置的不同，通常分为北桥芯片和南桥芯片。北桥芯片起着主导性的作用，提供对 CPU 的类型和主频、内存的类型和最大容量等支持，南桥芯片则提供对键盘控制器、USB 通用串行总线、高级能源管理等的支持。

4）结构布局。

5）扩展性。如果今后要增加内存容量和硬盘，那么就要看主板是否有足够的内存扩展槽和硬盘接口。

6）工艺水准。

7）性能价格比。

8）售后服务。

（3）选购内存条。目前内存条的热门品牌有金士顿、宇瞻、海盗船、超胜、现代、创见、胜创、金邦、金士刚、三星、威刚、勤茂、金泰克、黑金刚、金特尔等。图 1.2.4 所示的是一块内存条。

图 1.2.4　内存条

内存条质量的好坏直接影响系统的性能和稳定性。选购主要考虑以下几个方面：

1）看内存条的外观。一般大品牌厂商生产的内存做工精细，选料考究，金手指排列整齐且色泽好，型号标识字迹清楚且位置比较醒目。

2）看内存芯片。芯片对内存的性能发挥非常重要，质量过硬的内存条的芯片大都采用正规原厂的品牌，并且内存芯片的型号清晰可见。

3）看封装模式，目前比较流行的封装模式是 BGA 封装模式，这种采用 BGA 技术封装的内存，可以使内存在体积不变的情况下内存容量提高两到三倍，BGA 与 TSOP 相比，具有更小的体积，更好的散热性能和电性能。另外，与传统 TSOP 封装方式相比，BGA 封装方式有更加快速和有效的散热途径。

4）看售后服务。选择售后服务好的内存条品牌会为你以后的使用提供不少方便。

提示：登录中国质量协会的产品信息查询系统，输入产品的防伪编码，能很方便地查询内存条真伪。

（4）选购显卡。显卡有集成显卡和独立显卡。集成显卡是集成在主板上，显示内存较小，可显示一般文字和图像信息，适合一般办公用计算机。对于 3D 游戏、图形制作等有特别需求的用户，需要配置独立显卡，配置较大的显存和图形图像加速功能。选购独立显卡和主板是一样的，首先是看显卡的整体性能和显存容量，其次是看显卡的做工。

（5）选购声卡。声卡的作用主要是把来自外界的原始声音信号（模拟信号），如来自话筒、磁带等设备上的声音信号，加以转换后输出到音箱、耳机等声响设备上播放出来。声卡共有七大作用：播放音乐、录音、语音通讯、实时效果器、界面卡、音频解码、音乐合成。对于办公用户，由于对音频处理要求不高，可以直接使用主板上集成的声卡。对于声音要求比较高的用户，可以考虑单独配置一块专用声卡。

2. 选购外部设备和终端

计算机的外部设备和终端包括有显示器、键盘和鼠标、机箱和电源、外部存储器设备、音箱、联网设备（MODEM、网卡等）、打印机和扫描仪等。这些部件可以根据需求进行选购。

（1）选购显示器。

液晶显示器以其轻便、体积小等优势博得了越来越多用户的青睐。选购液晶显示器可以考虑以下指标：

1）屏幕尺寸与比例：对于液晶显示器来说，其面板的大小就是可视面积的大小。

2）响应时间：响应时间决定了液晶显示画面的连贯性。（坏点等瑕疵的存在会影响到画面的显示效果，所以坏点越少就越好。）

3）接口类型：目前液晶显示器接口主要有模拟信号接口（VGA）和数字信号接口（DVI）两种。其中 VGA 接口需要经过数/模转换、模/数转换两次转换信号，而 DVI 接口则是全数字无损失的传输信号接口。最近两年随着高清应用的兴起，HDMI 接口也逐渐成为大屏液晶显示器的标配。

4）每个品牌又分不同尺寸和不同型号。消费者在去购买之前，一定要对相关的产品进行全面的了解，先要把一些基本的信息弄清楚了，看一下是不是与自己的需求匹配。目前主流的尺寸是 21 英寸宽屏，也有不少预算充足的选购 22 英寸和 24 英寸以上的。

（2）选购键盘和鼠标。键盘和鼠标的品牌都非常多，选购键盘主要看手感舒适、结构合理、稳固、按键表面字符印刷技术好，在挑选键盘时同等质量、同等价格下挑选名牌大厂的键盘了。

鼠标有机械鼠标和光电鼠标之分，目前以光电鼠标为主，选购时可以考虑鼠标的解析度、刷新率，以及是否符合人体工程学、外观等因素。

（3）选购机箱和电源。机箱是计算机主机中各种部件的安装载体，有很多式样，图 1.2.5 所示是其中的一款。图 1.2.6 所示是主机的电源，一般安装在主机箱内。选购机箱时除了考虑价格，要注意外观款式、尺寸大小、内部整体结构、通风散热、USB/音频接口位置、拆装容易等。选购电源注意要是品牌电源，并问清楚提供怎样的质保服务，是否采用静音设计，是否采用最新供电规范，是否通过 3C 认证、80Plus 节能认证以及 RoHS 环保认证等。

图 1.2.5　机箱　　　　　　　　　　　　　　图 1.2.6　电源

（4）选购外部存储器设备。通常选配的外存设备有硬盘驱动器、光盘驱动器。图 1.2.7 所示的是一块台式机的硬盘，图 1.2.8 所示的是一款光驱。

图 1.2.7　硬盘　　　　　　　　　　　　　　图 1.2.8　光驱

光驱一般选择正规品牌即可，如果要刻录光盘则需要购买 DVD 刻录机。

目前市面中流行的硬盘品牌主要有希捷（Seagate）、日立（HITACHI）、迈拓（Maxtor）、西部数据（WD）、SAMSUNG（三星）等。

在选购硬盘时要考虑以下几点：

1）接口。现在已经较少采用 IDE 接口了，取而代之的是支持热插拔、传输速度更快、效率更高的 SATA（Serial ATA）接口，以及 SATA II 接口。

2）容量。目前硬盘容量一般在 500G 以上。在能够接受的价格范围内，尽量选择大容量的硬盘，尽量购买单碟容量大的硬盘，单碟容量大的硬盘性能比单碟容量小的硬盘高。

3）转速。即使是容量相同的硬盘，7200r/m 和 5400r/m 会相差 100 多元不等。从性能上看，7200r/m 比 5400r/m 有了不小的提升，所以 7200r/m 的硬盘更适合电脑发烧友、3D 游戏爱好者、专业作图和进行音频视频处理工作的人使用。

4）缓存。大容量缓存可以很明显地提高硬盘性能，只不过在目前阶段价格还是有些偏贵，大家可以按照自己的资金状况来选购。

5）售后服务。

（5）选购音箱。音箱是计算机的声音输出设备，计算机使用的音箱一般是有源音箱，挑选音箱一般看音箱的材质、外观、功能设计及易用性、价格及售后服务等。

（6）选购联网设备。主板上有集成的网卡，完全能够满足小李上网的要求了。

（7）选购打印机。打印机是计算机系统重要的文字和图形输出设备，使用打印机可以将需要的文字或图形从计算机中输出，显示在各种纸样上。办公用户一般购买激光打印机，商业用户一般购买针式或票据打印机，家庭用户可以购买喷墨打印机。

衡量打印机性能好坏的指标有：

1）分辨率（dpi）。打印机的分辨率即每平方英寸多少个点。分辨率越高，图像就越清晰，打印质量也就越好。一般分辨率在 360dpi 以上的打印效果才能令人满意。

2）打印速度。打印机的打印速度是以每分钟打印多少页纸（PPM）来衡量的。打印速度在打印图像和文字时是有区别的，而且还和打印时的分辨率有关，分辨率越高，打印速度就越慢。所以衡量打印机的打印速度要进行综合评定。

3）打印幅面。有 A4、A3 等不同规格，一般 A4 幅面的打印机基本上可以满足家用和办公绝大部分的使用要求。

4）墨盒或硒鼓。针式打印机要配置打印色带，喷墨打印机需要配置墨盒，激光打印机需要配置硒鼓。这些都要注意打印机所支持的规格、寿命和价格。

5）售后服务。

（8）选购扫描仪。扫描仪是一种用来输入图片资料的设备。扫描仪也是一种光、机、电一体化的外围设备。用户经常用它来扫描照片、图片、文稿等，并把扫描仪的结果输入到计算机中进行处理。

选购扫描仪时可以考虑分辨率、灰度、色深、感光器件、接口方式、扫描速度、外观等。

【知识拓展】

CPU、内存、硬盘，人们习惯称为"三大件"，这三个部件都是与主板相连接的，CPU 的类型要与其支持的主板配套才能正常使用。

1．主板

主板的主要组成部分：BIOS 芯片、控制芯片组、其他板载设备芯片（音频 Codec、网卡芯片等）、CPU 插槽、内存插槽、总线扩展槽（PCI、AGP、PCI-E 等）、主机内部 I/O 接口（IDE、SATA、Floppy）、主机外部 I/O 接口（PS/2、USB、串并口等）、其他。

（1）芯片部分。

BIOS 芯片：里面存有与该主板配套的基本输入输出系统程序。能够让主板识别各种硬件，还可以设置引导系统的设备，调整 CPU 外频等。

控制芯片组：连接和控制主板中各个独立的器件、接口或设备使之形成整体的芯片。

（2）插槽部分。

内存插槽：内存插槽一般位于 CPU 插座下方。

AGP 插槽：颜色多为深棕色，位于控制芯片和 PCI 插槽之间。

PCI 插槽：PCI 插槽多为乳白色，可以插上声卡、网卡等设备。

PCI Express 插槽：采用点对点串行连接，相比 PCI，每个设备都有自己的专用连接，可以把数据传输率提高到一个很高的频率，达到 PCI 所不能提供的高带宽。

IEEE 1394：是一种串行接口标准，这种接口标准允许把计算机、计算机外部设备、各种家电简单地连接在一起。

（3）输入/输出接口部分。

硬盘接口：硬盘接口类型有 IDE 接口、SCSI 接口和 SATA 接口（如图 1.2.9 所示）。

软驱接口：连接软驱所用，多位于 IDE 接口旁，如图 1.2.10 所示，比 IDE 接口略短一些，软驱现在已经被淘汰了。

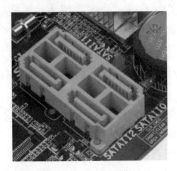 

图 1.2.9　SATA 接口　　　　　图 1.2.10　IDE 接口和软驱接口

主板的外部接口如图 1.2.11 所示。

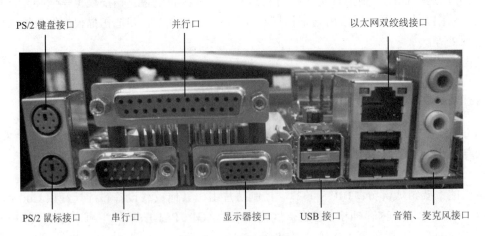

图 1.2.11　主板外部接口

PS/2 接口：PS/2 接口的功能比较单一，仅能用于连接键盘和鼠标。对于符合 PC99 规范的主板，可以通过颜色区分，绿色的接鼠标，紫色的接键盘。

USB 接口：USB 接口是现在最为流行的接口，可以独立供电，现在应用非常广泛，可以连接包括打印机、鼠标、键盘、U 盘、移动硬盘、扫描仪、音箱、摄像头等。

串行口（COM 接口）：是连接老式的串行鼠标和外置电话线拨号 MODEM 等设备。

并行口（LPT 接口）：一般用来连接打印机或扫描仪。其默认的中断号是 IRQ7，采用 25 脚的接头。

2. 内存条

内存是一种固态集成电路，可用来作为数据的储存场所。内存条的性能指标有内存工艺、工作电压、芯片密度、位宽、刷新、封装、SPD 芯片、排阻、针脚等，除非是专家，一般很少考虑这么多指标。

3. 硬盘

硬盘的性能指标包括：

容量：作为计算机系统的数据存储器，容量是硬盘最主要的参数。

转速：指硬盘盘片每分钟转动的圈数，单位为 rpm。

平均访问时间：指磁头从起始位置到达目标磁道位置，并且从目标磁道上找到要读写的数据扇区所需的时间。

传输速率：硬盘的数据传输率是指硬盘读写数据的速度。

4. 显示卡

又称显示适配器，负责将 CPU 送来的信息处理为显示器可以处理的格式后送到显示屏幕上形成图像。与主板接口部分决定了显卡使用的总线类型（PCI、AGP 或 PCI-E），目前新产品大多使用 PCI-E 总线。图形处理、3D 游戏的应用会对显卡要求比较高。

5. 声卡

声卡的性能指标包括：

（1）采样精度：决定了记录声音的动态范围，它以 Bit 为单位，比如 8 位、16 位、24 位。

（2）采样频率：指每秒钟采集信号的次数，声卡一般采用 44.1KHz、48KHz、96KHz 的采样频率，频率越高，失真越小。

（3）支持的声道数：简言之就是此声卡芯片支持输出的音箱数量，有 2 声道、4 声道、6 声道、8 声道等。

（4）MIDI 合成器结构：用以创作、欣赏和研究音乐。声卡的 MIDI 合成方式主要有 FM 合成和波表合成。

（5）3D 音效。

6. 打印机

打印机的种类包括：

（1）针式打印机。针式打印机主要由打印机芯、控制电路、电源等三大部件构成。打印机芯上的打印头有 24 个电磁线圈，每个线圈驱动一根钢针产生击针（或收针）的操作。发出对文本文档或图像的打印命令后，打印机上的小针顶着色带击在纸上，并在纸上留下一些小墨点，由这些点排列形成字符和图像。针式打印机目前只在一些专门的地方使用，如银行打印票据。图 1.2.12 所示的是一台针式打印机。

（2）喷墨打印机。喷墨打印机使用打印头在纸上形成文字或图像。打印头是一种包含数百个小喷嘴的设备，每一个喷嘴都装满了从可拆卸的墨盒中流出的墨。喷墨打印机能打印的详细程度依赖于打印头在纸上打印的墨点的密度和精确度。图 1.2.13 所示的是一台喷墨打印机。

（3）激光打印机。激光打印机的关键技术是机芯及其控制电路。激光打印机是利用电子成像技术进行打印的。当调制激光束在硒鼓上沿轴向进行扫描时，按点阵组字的原理，使鼓面感光，构成负电荷阴影。当鼓面经过带正电的墨粉时，感光部分就吸附上墨粉，然后将墨粉转印到纸上，纸上的墨粉经加热熔化形成永久性的字符和图形。现代办公最常用的就是黑白激光打印机。图 1.2.14 所示的是一台激光打印机。

图 1.2.12 针式打印机

图 1.2.13 喷墨打印机

图 1.2.14 激光打印机

【拓展训练】

（1）做市场调查与模拟购机。实地调查，了解各种计算机配件的品牌和最新价格，主要调查如下配件：CPU、主板、内存、显卡、显示器、硬盘、光驱、机箱、电源、键盘、鼠标、音箱、打印机、扫描仪。在做好调查的基础上写配置清单，提供一份合理的计算机配置清单。所谓合理，就是要把计算机配件进行合理搭配，在购机总价一定的情况下，要做到各种配件的价格分配合理。要做到这一点，就必须要在掌握各种配件最新价格和性能特点的基础上才能做到，这只有依靠细致的市场调查和多请教市场专业人士。

（2）在访问一些电脑公司后，根据当前的计算机市场行情，做出用途 1 和用途 2 的两个计算机配置方案。对每一个方案的要求有计算机配件清单，包括品牌型号、主要性能参数、单价、总价，说明这样选择的理由。

【案例小结】

本案例通过选购组装机介绍了计算机主机部件（CPU、主板、内存条、显卡、声卡）、外部设备和终端部件（显示器、键盘、鼠标、音箱、联网设备、打印机、扫描仪）的基本知识和选购技巧。读者能够运用本案例知识和方法，根据用户需求和结合当地计算机市场行情，选购符合需要的计算机硬件。

案例 3　计算机系统配置

【学习目标】

（1）认识并操作 Windows 7 三大元素。
（2）学会管理文件资源。
（3）能够定制 Windows 7 工作环境。

【案例分析】

小李购买的电脑已经到货了，他迫不及待地将电脑开机，进入桌面后，可以看到桌面显示了一些图标、桌面背景等。如何对文件系统进行管理、如何设置自己个性化的工作环境呢？

【知识准备】

计算机是办公自动化重要的设备，Windows 7 是微软公司推出的一款客户端操作系统，是当前主流的微机操作系统之一。要使用 Windows 7 办公必须先启动计算机进入操作系统，计算机的启动类似于电视的启动，只是其所需要的时间更长，但关闭计算机的方法不同于电视的关闭，计算机的关闭需要点击开始菜单中关闭按钮才能正确关闭计算机。

进入计算机后屏幕上显示的即为桌面，它是用户对计算机进行操作的入口，桌面主要包括：桌面背景、桌面图标和任务栏三大部分，如图 1.3.1 所示。

图 1.3.1　Windows 7 系统桌面

【解决方案】

1. 认识并操作 Windows 7 三大元素

Windows 7 中最主要的组成部分就是窗口、菜单和对话框，用户与计算机交互操作都依赖于这三大元素来实现。

（1）窗口。在 Windows 7 中启动程序或打开文件夹时，会在屏幕上划定一个矩形区域，这便是窗口。操作应用程序大多是通过窗口中的菜单、工具按钮、工作区或打开的对话框等来进行的。如图 1.3.2 所示。不同的应用程序功能不同，其窗口的组成元素也有些区别。下面简单了解一下窗口的一些典型组成元素。

图 1.3.2　窗口

1）标题栏：也称控制栏，位于窗口的顶部，单击其右侧的三个窗口控制按钮可以将窗口最大化、最小化、还原或关闭。此外，拖动标题栏可移动窗口位置。

2）工具栏：提供了一组命令按钮，单击这些按钮（将鼠标指针移至某按钮上方，会自动显示该按钮的作用），可以快速执行一些常用操作。

3）功能区：一些应用程序将其大部分的命令以选项卡的方式分类组织在功能区中，单击选项卡标签可切换到不同的选项卡，单击选项卡中的按钮可执行相应的命令。

4）工作区：用于显示操作对象及操作结果。例如，在资源管理器窗口中，工作区主要用来显示和操作文件或文件夹；在写字板、记事本程序窗口中，工作区主要用来显示和编辑文档内容。

5）滚动条：如果当前窗口不能显示工作区的所有内容，则拖动滚动条可显示工作区中隐藏的内容。

（2）菜单。在计算机操作中菜单随处可见，通过菜单，用户可以方便快捷地对系统进行操作，菜单具有直观、易操作的特点。

1）开始菜单。利用"开始"菜单可以打开计算机中大多数的应用程序和系统管理窗口。单击任务栏左侧的"开始"按钮，即可打开"开始"菜单，它主要由如图 1.3.3 所示部分组成。

2）快捷菜单。快捷菜单是对单个对象进行操作时对应命令的菜单。在不同窗口或程序中右击，在弹出的菜单中选择某个命令可进行相应操作，如图 1.3.4 所示。

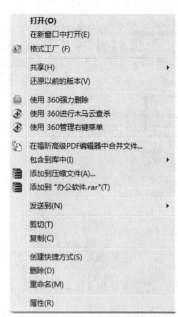

图 1.3.3　开始菜单

图 1.3.4　文件夹右键菜单

3）软件菜单。软件菜单是相对于某个软件或程序的，每种软件的菜单不尽相同，其使用方法和快捷菜单相似，如图 1.3.5 所示。

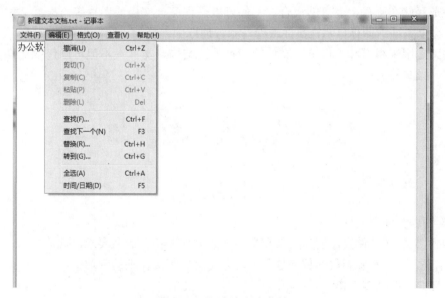

图 1.3.5　记事本程序菜单

（3）对话框。在执行某些命令后系统可能会弹出一个框，这种框叫作对话框。对话框是一种特殊的窗口，在对话框中可以通过某个选项或输入数据来设置一定的效果。打开"任务栏和「开始」菜单属性"对话框，如图 1.3.6 所示，单击"自定义"按钮后打开的对话框如图 1.3.7 所示。

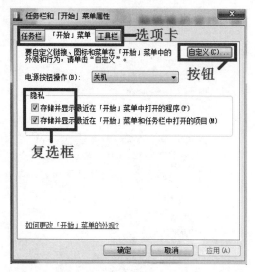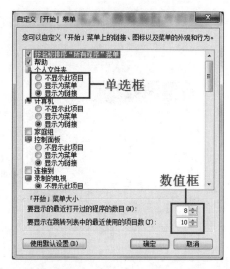

图 1.3.6　"任务栏和开始菜单属性"对话框　　图 1.3.7　"自定义开始菜单"对话框

2. 管理文件资源

（1）认识文件和文件夹。计算机中的所有数据（图片、视频、音频、文档、表格）都以文件的形式保存，而文件夹用来分类存储文件，因此，在 Windows 7 中最重要的操作就是管理文件和文件夹。

文件是存储在磁盘上信息的集合，文件可以是程序、文档或图片等。根据文件类型的不同，文件会以不同的图标显示在桌面或者资源管理器中，文件夹图标如图 1.3.8 所示。

文件夹是用来组织和管理磁盘文件的一种数据结构。文件夹不但可以包含文件，而且可以包含下一级文件夹。

图 1.3.8　文件夹图标

（2）管理文件和文件夹。

1）创建文件和文件夹。创建文件和文件夹的名称要符合命名要求，规范命名，同时要做到"见名知意"，在资源和数据越来越多时，方便文件和文件夹的管理。

创建文件夹的具体操作步骤如下：

①打开资源管理器，找到文件存放的磁盘。

②在工具栏中单击"新建"→"文件夹"按钮，此时将新建一个文件夹，且文件夹的名称处于可编辑状态，输入一个新名称，不建议使用默认名称，按 Enter 键确认，过程如图 1.3.9、图 1.3.10 所示。

2）打开文件和文件夹。

①右击"开始"按钮，在弹出的快捷菜单中选择"打开 Windows 资源管理器"命令，打开资源管理器。

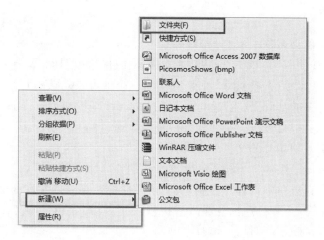

图 1.3.9　新建文件夹（1）

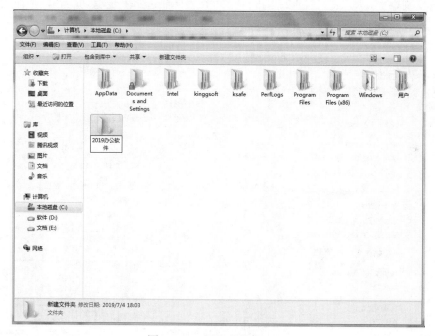

图 1.3.10　新建文件夹（2）

②单击左侧导航窗口中的库，将下层目录进行折叠。

③找到计算机中的文件所在磁盘（以 D 盘为例），双击打开。

④在打开的右侧窗口中找到所需的文件和文件夹，双击打开，如果是文件，则会启动相应的程序来运行该文件；如果是文件夹，则会打开该文件夹。

3）文件和文件夹的重命名。

文件和文件夹的重命名步骤相同，具体如下：

①选中（单击选中，使文件和文件夹变色）需要重命名的文件和文件夹。

②在工具栏中单击"组织"下拉按钮，展开"组织"下拉菜单。

③在"组织"下拉菜单中选择"重命名"命令，这时文件和文件夹名区域变为可编辑状

态，如图 1.3.11 所示。

④修改文件和文件夹名称，按 Enter 键确认。

4）文件和文件夹的剪切、复制与粘贴。文件和文件夹的剪切和复制是两个完全不同的概念，剪切是将文件和文件夹从一个地方剪切到了另一个地方，位置发生了改变；而复制则是在保留原有文件和文件夹的基础上，在新位置重新生成一个与原文件一样的文件和文件夹。具体步骤如下：

①选中需要复制（剪切）的文件或文件夹。

②在工具栏中单击"组织"下拉按钮，展开"组织"下拉菜单。

③在"组织"下拉菜单中选择"复制"（剪切）命令，这时原文件和文件夹没有变化，但"组织"下拉菜单中的"粘贴"选项变成激活状态，如果这时不再选中文件，可以看到"粘贴"选项依然是激活状态，说明随时可以进行粘贴。

④从资源管理器进入目标位置，在"组织"下拉菜单中选择"粘贴"命令，这时可以发现，如果是复制操作，则原位置的文件和文件夹依然存在；如果是剪切操作，则原文件和文件夹在原位置不再存在，如图 1.3.12 所示。

图 1.3.11　文件夹重命名

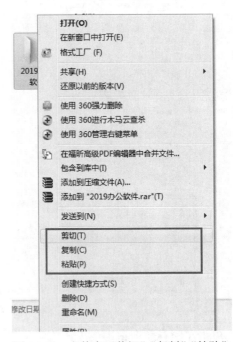

图 1.3.12　文件夹"剪切""复制""粘贴"

5）文件和文件夹的删除。对于不再需要的文件或文件夹，可以将其删除以空出磁盘空间，具体操作步骤如下：

①选中需要删除的文件或文件夹。

②在工具栏中单击"组织"下拉按钮，展开"组织"下拉菜单。

③在"组织"下拉菜单中选择"删除"命令，这时将弹出提示框，如图 1.3.13 所示。

④确认没有问题后单击"是"按钮，确认窗口关闭，文件被删除。

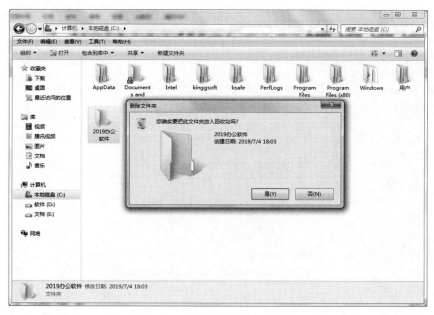

图 1.3.13 文件和文件夹的删除

3. 定制工作环境

（1）设置桌面。用户进入系统后所见到的屏幕就是桌面背景，桌面背景颜色或图片可以根据用户需求进行设置。具体步骤如下：

1）选择"开始"→"控制面板"命令，打开"控制面板"窗口，选择"查看方式"中的"类别"即可显示出按"类别"显示的控制面板，如图 1.3.14 所示。

图 1.3.14 按"类别"显示的控制面板

2）选择"外观和个性化"，弹出窗口，如图 1.3.15 所示。

3）点击"更改主题"或"更改背景"，如图 1.3.16、图 1.3.17 所示。

图 1.3.15 "外观和个性化"窗口

图 1.3.16 "更改主题"窗口

4）根据自己的需求选择合适的主题或背景设置，单击"保存修改"即可生效。

（2）创建用户账户。Windows 系统是多用户操作系统，用户可以根据自己的需求设置自己的用户名、头像和密码。有了用户账户，用户创建或保存的文档将存储在自己的"我的文档"文件夹中，而与使用该计算机的其他用户的文档分开。

图 1.3.17 "更改背景"窗口

1）打开"控制面板"窗口，单击"用户账户和家庭安全"类别下的"添加或删除用户账户"选项。

2）弹出"管理账户"窗口，如图 1.3.18 所示，单击"创建一个新账户"链接，如图 1.3.19 所示。

图 1.3.18 "管理用户"窗口

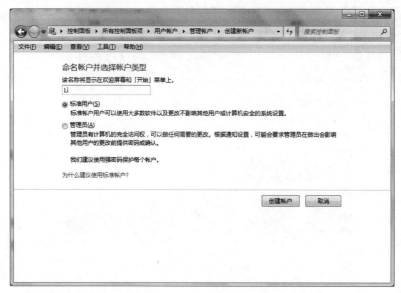

图 1.3.19　创建一个新用户

3）点击"创建用户"后，系统自动返回"管理账户"窗口，如图 1.3.20 所示。原则上一个系统上只允许有一个管理员用户。

图 1.3.20　管理账户中多了一个"Li"用户

【知识拓展】

1. 常用快捷键

在 Windows 中，如果能够熟练地使用快捷键，将大大提高工作效率，常用的快捷键如表 1.3.1 所示。

表 1.3.1　常用快捷键

快捷键	意义
Ctrl+C	复制
Ctrl+X	剪切
Ctrl+V	粘贴
Ctrl+Z	撤消
Delete	删除
F2	重新命名所选项目

2. 输入法

输入法是指为将各种符号输入电子信息设备（如计算机、手机）而采用的编码方法。基本分为两类：一是以字形义为基础，输入快且准确度高，但需要专门学习；二是以字音为基础，准确度不高（有内置词典，对流行语、惯用语影响不大），但目前键盘均印有拼音字母，故输入常用字词时无需专门学习。

输入法主要类型：

（1）英文输入法：输入英文的时候可将输入法切换至英文状态。

（2）拼音输入法：也称为中文简体文字输入法，一般输入法都具有全拼、简拼、双拼三种基本的拼音输入模式。

（3）五笔输入法：五笔字型输入法是王永民在 1983 年 8 月发明的一种汉字输入法，所谓五笔，其实就是将汉字拆分成五种笔划（字根），即一、丨、丿、丶、乙（横、竖、撇、捺、折）。每个汉字都是由如图 1.3.21 所示的不同的字根组成的。

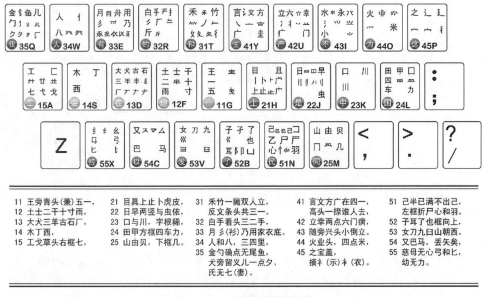

图 1.3.21　五笔字型键位图

3. 基本指法分工

开始打字前，左手和右手的手指应该虚放在正确的键位上：除了大拇指外左右手指均轻放在基本键位上，如图 1.3.22 所示，大拇指轻放在空格键上。每个手指除了负责指定的键位，还分工其他的字键位，如图 1.3.23 所示。

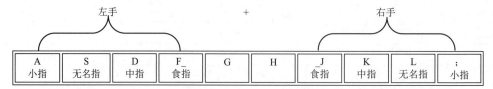

图 1.3.22　基本键分工图

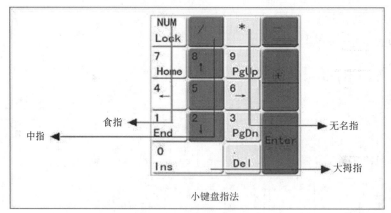

图 1.3.23　键盘指法分工图

提示： 击键时，应该尽量做到双眼看屏幕或原稿，不要看键盘，即做到盲打。盲打需要经过一段时间的强化训练才能实现。

4. 指法训练方法

要掌握键盘的基本击键指法，需要经过一段时间的强化训练才能达到熟练的目标。万事开头难，打字初学阶段看来比较枯燥，但可以通过专门的打字软件（如金山打字通）由浅入深出地提高文字录入速度和准确率。

金山打字通给用户规划了一个合理的练习课程，对于英文输入用户可以分键位、单词、文章循序渐进地进行练习，如图 1.3.24、图 1.3.25、图 1.3.26 所示。

图 1.3.24 键位指法练习

图 1.3.25 单词指法练习

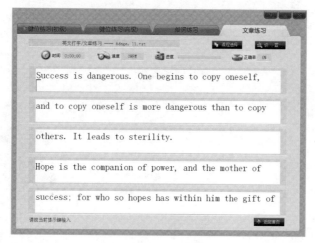

图 1.3.26 文章指法练习

　　软件中增加了手指图形，能提示每个字母在键盘的位置和应该使用哪根手指来敲击需要输入的字符。学完课程后，还可以选择不同的测试方法来检验自己的打字速度。在学习打字的过程中，用户可以通过不同的打字游戏，进行角色扮演，提高打字的积极性和趣味性。

【拓展训练】

　　（1）在网上下载一张自己喜欢的图片，将它设置成为桌面背景。
　　（2）下载安装金山打字通，完成一次文章指法练习，保留打字数据。

【案例小结】

　　计算机系统设置是使用计算机办公、学习的基本操作，通过认识 Windows 7 操作系统三大元素，学会管理自己生活和工作的相关文档资料，并且能够根据个人爱好设置自己喜欢的操作系统环境，提升工作幸福感。

第 2 章　PowerPoint 应用

PowerPoint 是 Microsoft 公司开发的 Office 系列办公软件组件之一，是一款专业的演示文稿制作软件。利用它可以编辑文字、图表、图片、动画、视频、音频等信息，制作各种用途的演示文稿，如活动宣传、教学课件、产品介绍等。

案例 1　制作说明类演示文稿

【学习目标】

（1）掌握幻灯片的基本使用。
（2）学会幻灯片的简单文字排版。
（3）掌握字体、段落格式设置。
（4）掌握图形的使用。
（5）学会幻灯片动画设置。
（6）掌握幻灯片的放映步骤。

【案例分析】

"互联网+"时代，信息化的发展对社会进步做出了巨大贡献，也涌现了很多风云人物。为了加深同学们对计算机文化的了解,李明特在网上搜索并收集了计算机领域各阶段的风云人物及其介绍等相关文字和图片资料，并设计制作出如图 2.1.1 所示的演示文稿。

图 2.1.1　"风云人物"效果图

（1）要求如下：

新建演示文稿，从素材文件夹中选取文件进行添加。添加新的幻灯片，分六张幻灯片，每张幻灯片添加对应图片和文字。

（2）封面页，修改"风云人物"为 66 号字体，行楷，蓝色，左对齐。下标题为 18 号字体，行楷，黑色，右对齐。在模板内添加形状，做出基本样式。

（3）冯·诺依曼介绍页面，调整图片大小，并添加说明文字。调整文字框大小做好布局。

（4）香农介绍页面，调整图片大小，添加文字，字体白色。添加矩形形状，设置透明度和颜色，做文字的底色。

（5）比尔·盖茨介绍页面，调整图片大小，添加合适大小矩形形状，选蓝色，盖住原图片。并添加介绍文字，文字颜色为白色。

（6）马云介绍页面，调整图片大小，添加说明文字，调整文字段落，将行距改为 1.5 倍行距，字体为微软雅黑。

（7）马化腾介绍页面，调整图片大小，添加说明文字，调整文字段落，将行距改为 2 倍行距，字体为微软雅黑。

【知识准备】

1. 标题栏

标题栏位于工作界面的顶端，包括"PowerPoint 2010"按钮、自定义快速访问工具栏、显示正在操作的文档、程序的名称以及控制按钮，如图 2.1.2 所示。

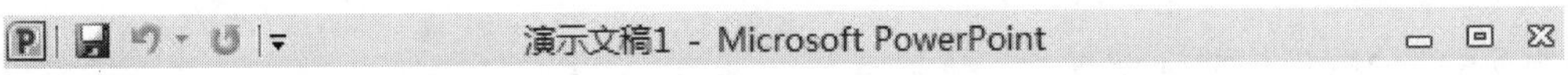

演示文稿1 - Microsoft PowerPoint

图 2.1.2　标题栏

标题栏中各按钮的功能介绍如下：

（1）"PowerPoint 2010"按钮：单击该按钮，弹出如图 2.1.3 所示的快捷菜单，可以对工作界面进行控制，如移动、改变大小等。

（2）自定义快速访问工具栏：默认情况下，包括"保存"按钮、"撤消"按钮、"重复"按钮以及"扩展"按钮。下面分别对其进行讲解。

1）"保存"按钮：单击该按钮，可以对制作的幻灯片进行保存。

2）"撤消"按钮：单击该按钮，可以撤消对当前幻灯片的上一步操作效果，多次单击该按钮可以撤消多步操作。或单击按钮旁边的按钮，弹出如图 2.1.4 所示的快捷菜单，在其下选择需要撤消到的操作步骤即可。

图 2.1.3　"P"按钮快捷菜单

图 2.1.4　"撤消"快捷菜单

3）"重复"按钮：单击该按钮，可以重复对当前幻灯片进行的撤消操作效果，与以往版本的"恢复"按钮作用类似。多次单击该按钮可以重复多步操作。

4）"扩展"按钮 ▾：单击该按钮，可以弹出如图 2.1.5 所示快捷菜单，在其下可以将频繁使用的工具添加到快速访问工具栏中。也可以选择"其他命令"命令，在打开的"PowerPoint选项"对话框中自定义快速访问工具栏，即在左边的下拉列表框中选择需要的按钮，单击 添加(A) >> 按钮进行添加。如果添加错误，可在右边的下拉列表框中选择错误添加的按钮，单击 << 删除(R) 按钮将其取消添加，最后单击 确定 按钮，保存设置并关闭该对话框，如图 2.1.6 所示。

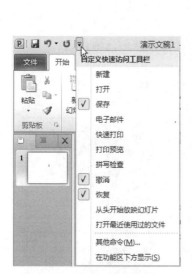

图 2.1.5　"扩展"快捷菜单 　　　　　　图 2.1.6　"PowerPoint 选项"对话框

（3）标题栏的中间显示的是正在操作的文档和程序的名称等信息，如图 2.1.7 所示。

（4）标题栏的右侧有 3 个窗口控制按钮，包括"最小化"按钮 ▭、"最大化"按钮 ▢ 和"关闭"按钮 ✕，单击它们可以执行相应的操作命令，如图 2.1.8 所示。

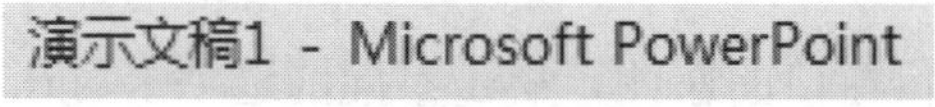

演示文稿1 - Microsoft PowerPoint

图 2.1.7　显示信息 　　　　　　　　　　图 2.1.8　控制按钮

2. 选项卡和功能区

单击某个选项卡即可打开相应的功能区，在功能区中有许多自动适应窗口大小的工具栏，其中为用户提供了常用的命令按钮或列表框。有的工具栏右下角会有一个小图标 ◹，称为"对话框启动器"按钮，单击它将打开相关的对话框或任务窗格，可进行更详细的设置，如图 2.1.9所示。

图 2.1.9　选项卡和功能区

在选项卡的右端有"功能区最小化"按钮，单击它可以收缩功能区，再次单击可以展开功能区。单击右侧的"帮助"按钮，可以打开帮助窗格，用户在其中可查找到需要帮助的信息。

3. 幻灯片编辑窗口

幻灯片编辑窗口是 PowerPoint 中最大也是最重要的部分，所有的关于幻灯片编辑的操作都在该窗口中完成。在编辑窗口中单击会出现一个闪烁的鼠标光标，称为文本插入点，用于定位文本的输入位置。在编辑窗口的右侧有滚动条，当幻灯片出现多张时，可以通过拖动滚动条来显示其他的幻灯片内容，如图 2.1.10 所示。

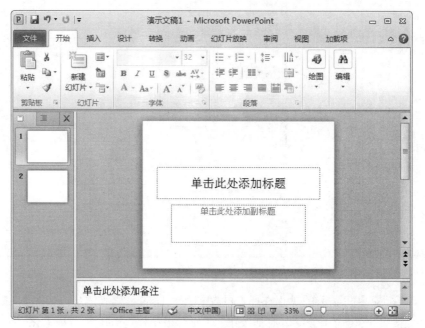

图 2.1.10　幻灯片编辑窗口

4. "大纲"和"幻灯片"窗格

"大纲"和"幻灯片"窗格都位于幻灯片编辑窗口的左侧，单击不同的选项卡可在不同的窗格间切换，如图 2.1.11 所示。

图 2.1.11　"幻灯片"和"大纲"窗格

"幻灯片"窗格用于显示演示文稿的幻灯片数量、位置以及每张幻灯片的缩略图。"大纲"窗格显示演示文稿中文档的文本内容。

5. "备注"窗格

"备注"窗格位于幻灯片编辑窗口的下方，如图 2.1.12 所示，可供演讲者查阅该幻灯片的相关信息，以及在播放演示文稿时对幻灯片添加说明和注释。

> 单击此处添加备注

图 2.1.12　"备注"窗格

"备注"窗格可根据需要调整其宽度，方法为将鼠标指针移到"备注"窗格的上方，当鼠标指针变为⇕时，向上或向下拖动鼠标即可增大或缩小。

6. 状态栏

状态栏位于工作界面的最底端，它显示了当前幻灯片的页数、总页数、采用的模板类型和输入法状态等内容。在状态栏右侧是视图切换按钮⊞⊞⊞、"幻灯片放映"按钮⊞、当前显示比例和调节页面显示比例的控制杆，如图 2.1.13 所示。

图 2.1.13　状态栏

【解决方案】

1. 新建并保存演示文稿

（1）新建演示文稿。

单击"开始"→"所有程序"→"Microsoft Office"→"Microsoft PowerPoint 2010"，启动 PowerPoint 应用程序，自动新建一个空白文档"演示文稿 1"。

（2）保存演示文稿。

在 PowerPoint 中进行演示文稿编辑，一定要保存演示文稿，因为文档编辑等操作是在内存工作区中进行的，如果不进行存盘操作，突然停电或直接关掉电源都会造成文件丢失。因此，及时将演示文稿保存到磁盘上是非常重要的。

提示：保存文件时，一定要注意文件的"三要素"——文件的位置、文件名和类型，否则，以后不方便找到该文件。

1）单击"文件"→"保存"命令，打开"另存为"对话框。

2）以"风云人物"为名，选择保存类型为"PowerPoint 演示文稿"，将该文档保存在"E:\办公软件应用"文件夹中。设置完成后的"另存为"对话框如图 2.1.14 所示。

3）单击"保存"按钮。

提示：

①为了避免录入的文字丢失，可以在其后的编辑过程中随时保存文档，通常单击快速访问工具栏上的"保存"按钮 会更加快捷，也可以按组合快捷键"Ctrl+S"。

②为了避免操作过程中由于掉电或操作不当造成文字丢失，可以使用 PowerPoint 2010 的自动保存功能，单击"文件"→"选项"命令，打开"PowerPoint 选项"对话框，选择左侧的"保存"选项。在右侧的"保存文档"选项组中，选中"保存自动恢复信息时间间隔"复选框，然后在其右侧设置合理的自动保存时间间隔，如图 2.1.15 所示。

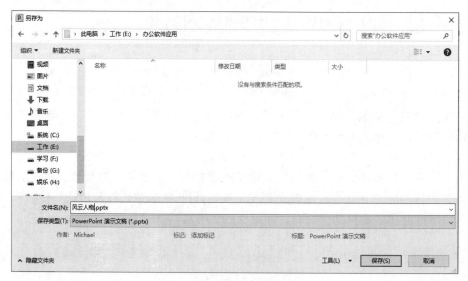

图 2.1.14 "另存为"对话框

图 2.1.15 设置文档自动保存时间间隔

2. 母版设置

利用 PowerPoint 进行演示文稿编辑时，会进行一些常规样式设计。单击"视图"→"幻灯片母版▦"按钮，进入母版设计。

（1）页面设置：单击"页面设置▭"，打开"页面设置"对话框。在"幻灯片大小"选项卡中选择"全屏显示（16:9）"，点击确认 确定 。

（2）矩形形状添加：选中 Office 主题幻灯片母版，单击"形状 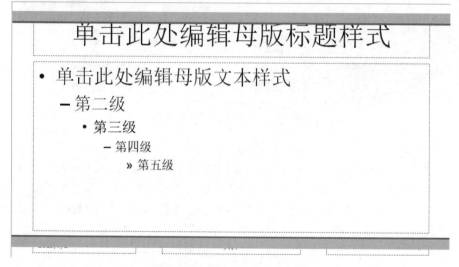"→"矩形 □"，按效果图 2.1.16 设置矩形大小，单击"形状填充 ＆"，选择标准色"橙色"，单击"形状轮廓 ✎"，选择标准色"橙色"。

（3）直线形状添加：单击"形状 ＠"→"直线 ＼"，按效果图 2.1.16 设置直线长度，选中所画直线，摆在合适位置，并右击打开快捷菜单，单击"设置形状格式"，打开"设置形状格式"对话框。在"线形"选项卡内，选择"宽度"为 3 磅。

（4）形状复制：按住"Shift"键，点击选中刚设计的矩形和直线，右击打开快捷菜单，单击"组合"→"组合"，则生成了一个简易的组合形状。按住"Ctrl+C"，再按住"Ctrl+V"，复制刚生成的形状。鼠标放在中间绿色小圈上，点击旋转 180°，并按效果图 2.1.16 放置在合适位置，即简易母版样式设置完毕。

（5）设置完毕后，选择"幻灯片母版"，并单击"关闭母版视图 ☒"，则退出母版设置。

图 2.1.16　母版样式设置效果图

3. 新幻灯片插入和图片插入

演示文稿将展示的风云人物为冯·诺依曼、香农、比尔·盖茨、马云和马化腾五位人物，故需要制作 6 张幻灯片。幻灯片插入和图片内容插入步骤如下：

（1）新幻灯片插入：新插入 5 张幻灯片。

方法 1：在"大纲和幻灯片"窗格选中已设置的第一张幻灯片，利用快捷键复制粘贴，或者右击利用快捷菜单进行复制粘贴，即可插入新幻灯片。

方法 2：在"大纲和幻灯片"窗格选中，空白处右击，在快捷菜单中选择"新建幻灯片"。

（2）第二张幻灯片图片插入：选中第二张幻灯片，单击"插入"→"图片"，在"插入图片"对话框内，选择合理路径找到"素材 2-1"文件夹，选中"冯诺依曼.jpg"图片，单击"插入 插入(S) ▼"，并按照图 2.1.17 所示，进行图片调整。

（3）第三张幻灯片图片插入：选中第三张幻灯片，单击"插入"→"图片"，在"插入图片"对话框内，选择合理路径找到"素材 2-1"文件夹，选中"香农.jpg"和"香农 1.jpg"图片，单击"插入 插入(S) ▼"，完成图片插入。再选中"香农.jpg"图像，右击，在快捷菜单中单击"置于顶层"→"置于顶层",并按照图 2.1.17 所示,进行图片调整。

（4）第四张幻灯片图片插入:选中第四张幻灯片,单击"插入"→"图片",在"插入图片"对话框内,选择合理路径找到"素材 2-1"文件夹,选中"比尔·盖茨.jpg"图片,单击"插入 插入(S) ▾",完成图片插入,并按照图 2.1.17 所示,进行图片调整。

提示:对于本图右侧有一节需要遮盖的文字,可以使用形状,调成相同颜色即可。

（5）第五、六张幻灯片图片插入,可按照之前图片插入方法逐一添加,并按照图 2.1.17 所示进行调整。

图 2.1.17　图片插入效果图

4. 文字插入

（1）封面文字插入:单击"插入"→"艺术字▲",在弹出的下拉列表中选择"填充-蓝色,强调文字颜色 1,金属棱台,映像▲"样式,键入"风云人物",并单击"开始",修改字体为"华文行楷",字号 80。再次单击"插入"→"文本框▣",在编辑区内按住鼠标左键拖曳,画出合适大小文本框,键入"信息社会革命先锋",并单击"开始",修改字体为"华文行楷",字号 28。按照图 2.1.18 所示,进行文字位置和大小调整。

图 2.1.18　图文布局效果图

（2）第二页文字插入:从"素材 2-1"文件夹中,打开"文字插入.txt"文件,从中复制冯·诺依曼部分文字。在"幻灯片和大纲"窗格,单击选中第二张幻灯片,粘贴文字,调整字体颜色为白色，加粗，字体为黑体，字号 20。按照图 2.1.18 所示，进行文字位置和大小调整。

（3）第三页文字插入：从"素材 2-1"文件夹中，打开"文字插入.txt"文件，从中复制香农部分文字。在幻灯片和大纲窗格，单击选中第三张幻灯片，粘贴文字，调整字体颜色为白色，加粗，字体为黑体，字号 20。按照图 2.1.18 所示，进行文字位置和大小调整。

提示：在有背景时，文本框内容可能显示不清晰。可添加合适大小矩形形状，"置于底层"中选择"下移一层"，调整颜色，并设置透明度为 50%，即可解决问题。

（4）后续页文字插入：从"素材 2-1"文件夹中，打开"文字插入.txt"文件，从中复制比尔·盖茨部分文字。在幻灯片和大纲窗格，单击选中第四张幻灯片，粘贴文字，调整字体颜色为白色，加粗，字体为黑体，字号 20。按照图 2.1.18 所示，进行文字位置和大小调整。以此类推，为其余页添加文字。

提示：段落行距设置：选中所要编辑的段落，右击，在弹出的快捷菜单中选择"段落"。在"段落"对话框中，将行距改为 1.5 倍行距。

5.　动画插入

为提高演示文稿的放映效果，可为设计好的文稿添加一些动画，使内容更加形象生动。

（1）进入动画设置：选中封面中的艺术字"风云人物"。单击"动画"→选择"浮入★"，选中副标题文本框，单击"动画"→选择"飞入★"，在动画窗格内，右击刚创建的新动画，选择"效果选项"。在弹出的"效果选项"对话框内，效果选项卡中方向设置为"自右侧"，动画文本设置为"按字/词"，"计时"选项卡中开始设置为"与上一动画同时"。

（2）多种动画设置：选中"香农.jpg"图片，单击"动画"→选择"淡出★"。再单击"添加动画★"→"强调"中选择"跷跷板★"→单击"添加动画★"→"退出"中选择"淡化★"，效果如图 2.1.19 所示。

图 2.1.19　多种动画设置效果图

提示：动画分为"进入""强调""退出""动作路径"四种。对任意一个对象，每种动画只能设置一种。

（3）动作路径动画设置：单击选中文本框→单击"添加动画★"→"动作路径"中选择"弧形"→单击按住"弧形"中间绿色小圆旋转 180°→调整路径曲线，效果如图 2.1.20 所示。

图 2.1.20　动作路径设置效果图

（4）幻灯片切换设置：单击"视图"→单击"幻灯片母版"→选中"Office 主题"母版→单击"切换"→选择"擦除"效果，则对所有幻灯片切换添加了"擦除"效果。

6. 幻灯片放映

方法 1：按 F5，则从头开始全屏放映该幻灯片；

方法 2：按 Shift+F5，则从所选的幻灯片开始全屏放映。

【知识拓展】

1. 幻灯片放映

点击幻灯片放映功能，选择设置幻灯片放映，如图 2.1.21 所示。

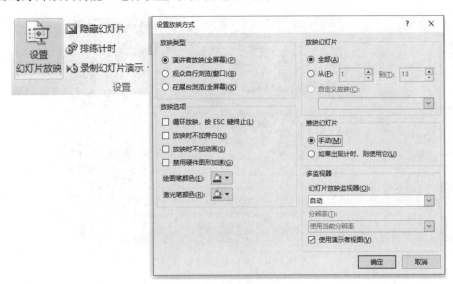

图 2.1.21　放映方式设置

（1）放映类型一般选为"演讲者放映"模式。"在展台浏览"模式为自动放映方式，且无其他计时文件时，则按照默认速度进行幻灯片切换。

（2）"放映选项"中，可以设置该次放映的一些要求，如自动放映时要不要加旁白、演示时需不需要开启动画等。而"放映幻灯片"选项中，则确定放映的内容，一般为全部放映。

（3）"推进幻灯片"中，如设置手动，则放映过程由演示者手动控制。如之前进行过排练计时，则会以该计时的方式进行自动切换，以达到演讲效果。

2. 母版视图

母版具有统一每张幻灯片上共同具有的背景图案、文本位置与格式的作用。PowerPoint 2010 提供了三种母版，它们分别是幻灯片母版、讲义母版和备注母版，其中使用频率最高的是幻灯片母版，下面分别对其进行介绍。

（1）幻灯片母版。

幻灯片母版是幻灯片层次结构中的顶层幻灯片，用于存储有关演示文稿的主题和幻灯片版式的信息，如背景、颜色、字体、效果、占位符大小和位置等。

每个演示文稿至少包含了一个幻灯片母版。使用幻灯片母版有利于对演示文稿中的每张幻灯片进行统一的样式更改，其中还包括了以后添加到演示文稿中的幻灯片。使用幻灯片母版时，无须在多张幻灯片上输入相同的信息，因此节省了时间。如果制作的演示文稿非常长，使用幻灯片母版就特别方便。

由于幻灯片母版影响整个演示文稿的外观，因此在创建幻灯片母版或相应版式时，都将在"幻灯片母版"视图下进行。设计幻灯片母版的具体操作步骤如下。

1）单击"视图"选项卡，在"母版视图"栏中单击"幻灯片母版"按钮，如图 2.1.22 所示。

图 2.1.22　单击"幻灯片母版"按钮

2）将自动启动"幻灯片母版"选项卡，进入"幻灯片母版"视图，便可查看幻灯片母版，如图 2.1.23 所示。

3）然后在其中设计幻灯片母版，设计完成后，在"幻灯片母版"选项卡下的"关闭"栏中单击"关闭母版视图"按钮即可。

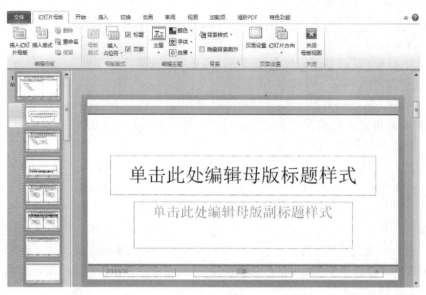

图 2.1.23   "幻灯片母版"视图窗口

（2）讲义母版。讲义母版具有更改打印之前的页面设置和改变幻灯片方向；设置页眉、页脚、日期和页码；编辑主题和设置背景样式等功能，同样它还可以在一页纸张里显示出多个幻灯片数量，最多可以显示 9 张幻灯片。

讲义母版多在会议中使用，设计讲义母版的具体操作步骤如下。

1）单击"视图"选项卡，在"母版视图"栏中单击"讲义母版"按钮 。

2）将自动启动"讲义母版"选项卡，进入"讲义母版"视图，便可查看讲义母版，如图2.1.24 所示。

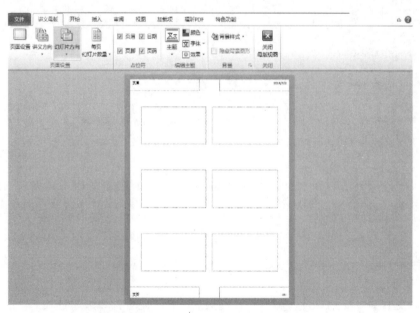

图 2.1.24   "讲义母版"视图窗口

3）然后在其中设置讲义母版的显示属性和页眉页脚等属性，设置完成后，在"讲义母版"

选项卡下的"关闭"栏中单击"关闭母版视图"按钮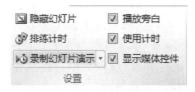即可。

（3）备注母版。PowerPoint 2010 提供的备注母版可以满足用户在查看幻灯片内容时，幻灯片与备注内容在同一页面中显示。与讲义母版相比，备注母版在"占位符"栏中多了幻灯片图像和正文两个设置对象。制作备注母版的具体操作步骤如下：

1）单击"视图"选项卡，在"母版视图"栏中单击"备注母版"按钮。

2）将自动启动"备注母版"选项卡，进入"备注母版"视图，便可查看备注母版，如图 2.1.25 所示。

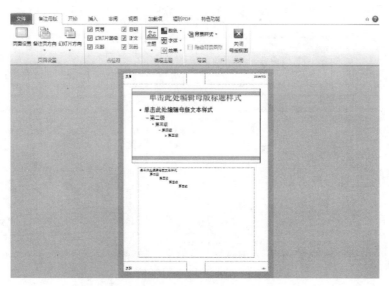

图 2.1.25　"备注母版"视图窗口

3）在幻灯片下方的备注页中设置备注页文本格式，在"备注母版"选项卡下的"关闭"栏中单击"关闭母版视图"按钮。

4）返回到普通视图的"备注"窗格中输入备注的内容，然后在"视图"选项卡下的"演示文稿视图"栏中单击"备注页"按钮，即可显示备注文本。

3. 录制功能的使用

演示文稿的录制功能在幻灯片放映功能内。我们利用该功能，可预先录制演讲内容，跟演示文稿同步自动播放。如需进行该功能，一般要求在设置中开启播放旁白、使用计时和显示媒体控件功能，如图 2.1.26 所示。

图 2.1.26　录制功能设置要求

单击"录制幻灯片演示"功能，则可选择是从头开始录制，还是从当前幻灯片开始录制。录制开启后，一边手动翻幻灯片，一边进行独白，即可完成录制。

【拓展案例】

李明参加工作后，作为公司的储备干部，公司要求李明每一季度对自己所做工作进行汇报。为了更好地进行讲解说明，要求进行 PPT 演讲汇报。说明在新的这一个季度内，主要完成了哪些工作，在工作中自己的表现跟上一季度相比如何，存在哪些成绩和不足。自己所参与的项目进展情况如何，自己的时间用于工作投入和深造情况如何，并对工作进行总结。

根据案例要求进行演示文稿设计。整体设计跟课程案例相似，将进行封面、封底页设计、目录页设计、章节页设计、内容页设计。最后展示效果如图 2.1.27 所示。

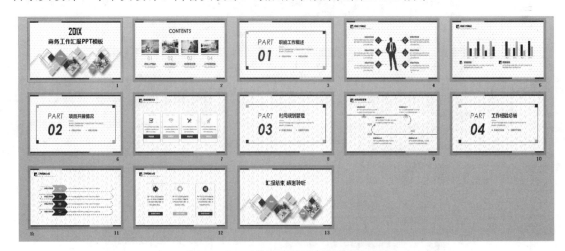

图 2.1.27　工作汇报演示文稿效果展示

具体要求如下：

（1）创建演示文稿封面封底，全文字体采用微软雅黑，颜色多为黑色，以显规范稳重。

（2）创建目录页，目录标题用 48 号字，目录内容用 20 号字，合理使用图片布局，保持整体美观。

（3）创建章节页，使用形状功能，设计简易框体，并使用艺术字进行文字字体设计，整体合理布局，以求美观简约大气。

（4）使用 SmartArt、图表等方式，创建内容页。并在工作总结部分使用超链接功能去调用"素材 2-2"文件夹中相应的其他文档。

（5）放映幻灯片，整体检查，优化细节。

操作步骤：

1.　设计演示文稿封面封底，最终效果如图 2.1.28 所示

（1）"201X"字样字体大小为 88 号，字体为 Agency FB。其他文字字体采用微软雅黑，字体大小为 54 号。图片则从"素材 2-2"文件夹中查找。这部分内容之前案例已经讲述，此处不再赘述。该封面设计疑难点在上下的条纹带上。

（2）形状使用。

1）在插入功能下，左击选择形状 ⬚，再左击选择矩形形状，如图 2.1.29 所示。创建长方形图形，选择合适大小，画出该长方形区域。

图 2.1.28　工作汇报案例封面封底效果展示

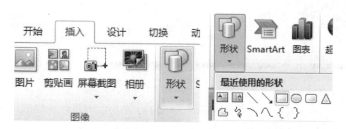

图 2.1.29　形状选择

2）在自动弹出的格式功能菜单下，选择右上部分的形状填充，并选择蓝色对形状进行颜色填充，得到图 2.1.30 所示。

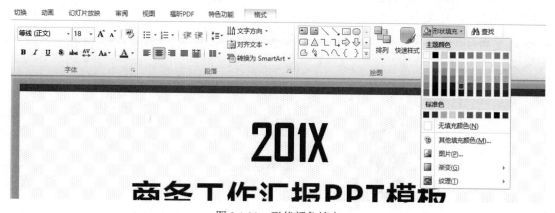

图 2.1.30　形状颜色填充

3）再将所建形状复制粘贴出一个新的一样的形状，更改颜色为橙色，并缩短该形状的长度，放置在之前所建形状之上，构成形状组合，则得到效果图 2.1.28 的效果。

2．设置目录页

利用之前所学，设计目录页。从"素材 2-2"文件夹内调用目录图片，进行目录设计。其中目录名字体均为微软雅黑，字体大小为 48 号，其余文字字号 20。

3. 设置章节页

章节页最终设计结果如图 2.1.31 所示，为达到此效果，利用之前所学进行图片和文字设置外，需另外使用艺术字功能进行补充设计，接下来讲述艺术字设计操作过程。

图 2.1.31　第一章节页效果展示

（1）设置艺术字样式。在设置表格中的文本时，可以直接使用提供的艺术字样式，也可以自己设置艺术字样式。其具体操作步骤如下：

打开演示文稿，选择章节页幻灯片中目录编号，然后单击"插入"选项卡，单击"艺术字"，在弹出的快捷菜单中选择"蓝色，强调文字颜色1，金属棱台"选项。同时跳出"格式"窗栏，从栏中单击"文本填充"按钮，在弹出的列表中选择"蓝色"选项，并且文字字号选择138号，如图 2.1.32 所示。

图 2.1.32　设置艺术字发光效果

（2）复制章节页。该演示文稿主要分成四个部分，故章节页设置为4个，复制已做好的第一章节页，修改章节信息，得到图 2.1.33 所示的效果。

图 2.1.33　工作汇报类演示文稿阶段性效果展示

至此，该演示文稿完成了封面、封底、目录页、4 个章节页的设置。整体文稿框架已经设计完毕。

4. 设置内容页

（1）图片、形状使用。根据"素材 2-2"文件夹给出来的相应素材，组织版面，对李明入职以来各个方面进行综合评价，则创建了如图 2.1.34 所示的职能工作概述内容页。

图 2.1.34　职能工作概述内容页

该内容页设计上，小标题用 24 号，一般正文用 20 号，按此设置则可在一页内包含较丰富信息而不失整体页面的美观。这部分难点在橙色线条制作上。

（2）线形形状格式设置。选中一条橙色的线，并右击选择设置形状格式，按照图 2.1.35 所示进行形状设置。

（3）创建图表。为了更好地展现工作进展情况，故需添加相应的图表，以比较项目进展情况。样图如 2.1.36 所示。操作如下：

形象直观的图表与文字数据相比更容易让人理解，在幻灯片中插入图表不仅可以直观地体现数据之间的关系，还可以增添幻灯片的美感。插入图表常用的方法有如下两种。

方法一：选择要插入图表的幻灯片，单击"插入"选项卡，在"插图"栏中单击"图表"按钮📊。

方法二：选择要插入图表的幻灯片，在其占位符中单击"插入图表"按钮📊。

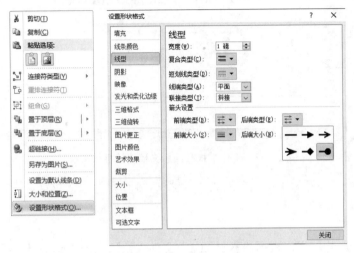

图 2.1.35　形状格式设置

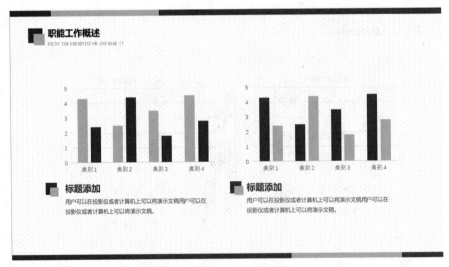

图 2.1.36　图表设置效果图

执行上述任意一种命令后，都将打开"插入图表"对话框，在该对话框中选择需要的图表类型，然后单击 确定 可插入。

以"工作汇报.pptx"为例，在第 5 张幻灯片中插入图表，其具体操作步骤如下：

1）打开"工作汇报.pptx"演示文稿，选择第 5 张幻灯片。单击"插入"选项卡，在"插图"栏中单击"图表"按钮。打开"插入图表"对话框，在该对话框左边列表框中选择"簇状柱形图"，在右边列表框中选择"簇状圆柱图"选项，然后单击 确定 按钮，如图 2.1.37 所示。

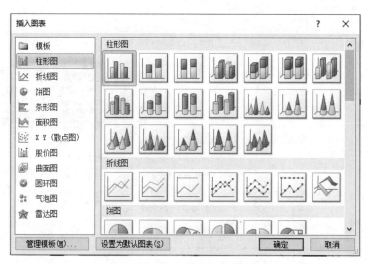

图 2.1.37　"插入图表"对话框

2）打开"Microsoft Excel"窗口编辑数据，拖动数据区域四周的蓝色方框右下角，调整数据区域的大小，得到图标设置的效果图。

3）插入图表后，若发现图表中的数据错误或需要修改时，则可根据实际情况编辑图表数据。编辑图表数据常用的方法有如下两种：

①在幻灯片中选择需要编辑图表数据的图表，单击"设计"选项卡，在"数据"栏中单击"编辑数据"按钮 。

②在幻灯片中选择需要编辑图表数据的图表，右击，在弹出的快捷菜单中选择"编辑数据"命令。

（4）SmartArt 图形。在该案例中，我们要在第 11 张幻灯片中插入 SmartArt 图形。所要设计结果如图 2.1.38 所示。

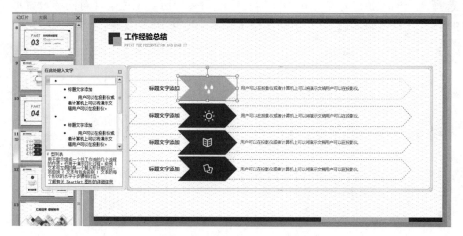

图 2.1.38　SmartArt 图形插入

在 SmartArt 图形中并没有如此对应的图形，但有类似图形。往往为了整体美观，会按照整个演示文稿的风格进行相应的编辑改动。此案例中的 SmartArt 图形编辑步骤如下：

1）在 SmartArt 中找到相似的图形，如图 2.1.39 所示。

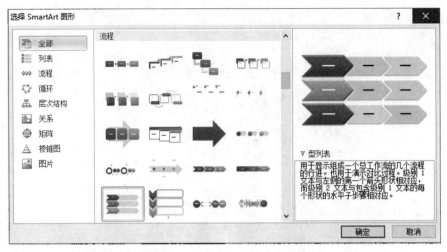

图 2.1.39　SmartArt 图形选择

2）对创建的 SmartArt 图形进行拉伸等变化，得到图 2.1.40 所示效果，先将其形状按照要求进行制作。

图 2.1.40　SmartArt 图形变换

3）选择适当的颜色进行填充，中间为蓝色，两边为透明无色。并对图形设置形状格式如图 2.1.41 所示。改好边框颜色，设置后结果如图 2.1.42 所示。

图 2.1.41　SmartArt 形状格式设置

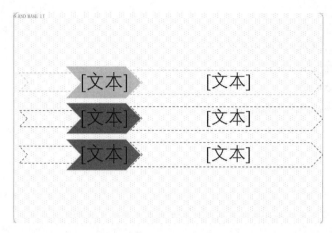

图 2.1.42　SmartArt 设置效果图

4）最后，按照要求添加文字，即可完成 SmartArt 图形的设置。

（5）创建超链接。创建超链接时，通常情况下，都是在"插入超链接"对话框中进行的。打开"插入超链接"对话框常用的方法有如下两种：

方法一：选中创建超链接的对象，单击"插入"选项卡，在"链接"栏中单击"超链接"按钮。

方法二：选中创建超链接的对象，右击，在弹出的快捷菜单中选择"超链接"命令。

执行上述任意命令后，都将打开"插入超链接"对话框，在该对话框中即可设置超链接的属性。下面将以"工作汇报"演示文稿中第 12 张幻灯片为例，为其栏目创建超链接，具体操作步骤如下：

1）打开"工作汇报"演示文稿，选择第 12 张幻灯片。

2）选中其中的标题文本，右击，在弹出的快捷菜单中选择"超链接"命令，如图 2.1.43 所示。

图 2.1.43　选择"超链接"命令

3）打开"插入超链接"对话框，单击"本文档中的位置"，在"请选择文档中的位置"

栏中选择"1.职能工作概述"。

4）单击 确定 按钮，返回到幻灯片，点击刚编辑超链接的框体，可成功打开所指定的页面，表示已成功创建超链接。

5．设置前言/结束语

一个完整的演示文稿，在完成主体设计后，按照需要，可以添加前言和结束语。此处不再赘述。

【拓展训练】

在校内，为丰富大学生业余生活，通常以班级为单位进行活动。每次活动需要进行一定的知识普及或者事务交代。此次班会的主题为"植树节"，需包含植树节的历史、植树节的由来、植树节的作用和宣传标语等内容。本次班会由班长主持，为此他制作了如图 2.1.44 所示的精美 PPT。

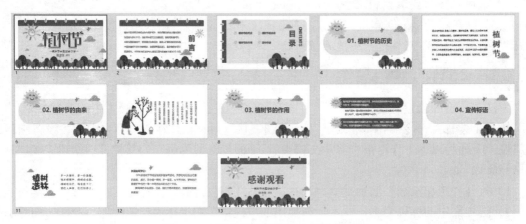

图 2.1.44　班会活动类演示文稿效果展示

具体要求大致如下：

（1）新建演示文稿，全文字体采用黑体，颜色为绿色，使用素材文件夹内的文件，设计演示文稿封面、封底。

（2）创建目录页，目录标题字体大小为 72 号，目录内容为 24 号，合理图片布局，保持整体美观。

（3）创建章节页，使用形状功能，编辑图形，按照图 2.1.44 的效果合理布局，章节页文字内容字体大小为 60 号。

（4）使用多种段落排版方式，创建相应内容页，字体大小为 20 号。最后展示效果如图 2.1.44 所示。

【案例小结】

通过以上案例的学习，读者学会了 PowerPoint 工具的基本使用、演示文稿的制作步骤和演示方式，能够结合使用文字和图形的编排制作出精美的 PPT。读者可以在今后的工作总结、专题演讲、项目汇报、产品宣传等制作时运用这些技术制作出生动的演示文稿，来提高表达和展示效果。

案例 2　制作项目展示类演示文稿

【学习目标】

（1）掌握音频的插入和设置。
（2）掌握视频的插入和设置。
（3）掌握图表的设计。
（4）学会幻灯片动画的设置方法。
（5）学会项目类幻灯片的制作。

【案例分析】

李明在工作一段时间后，所参与的项目进入尾声。为了解近段时间李明的工作情况。项目负责人要求李明制作公司产品的汇报演示 PPT。内容包含公司概况、公司目标、产品知识产权状况、产品路线、拳头产品说明和产品线说明等，总页数控制在 9 页内。根据要求，李明设计了如图 2.2.1 所示的演示文稿。

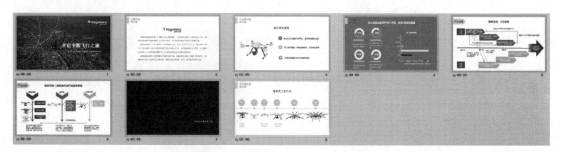

图 2.2.1　项目展示类演示文稿效果展示

具体要求如下：

（1）创建演示文稿，全文字体采用微软雅黑，颜色为黑色。

（2）创建封面，标题使用 48 号字，其他内容使用 20 号字，合理使用图片布局，保持整体美观。

（3）创建公司介绍说明页，分公司基本介绍、公司发展方向、公司专利情况、公司产品路线，尽量多使用图表和图形，做好整体布局。

（4）插入视频文件，能全屏播放。

（5）最后以产品线展示页结尾，并插入背景音乐。

（6）全篇按照演示需要，适当加入动画。

【解决方案】

1. 设置演示文稿封面
封面设计效果图如图 2.2.2 所示。

图 2.2.2　项目展示类演示文稿封面

从"素材 2-3"文件夹选择"封面背景"文件为底，标题字体大小 48 号，副标题字体大小 25 号，字体采用微软雅黑。该页设计难点为左半区域有圆形交叉线。此线绘制其实不难，主要分为两步。

（1）利用形状工具，选择椭圆工具，画圆。操作和最后示意如图 2.2.3 所示。

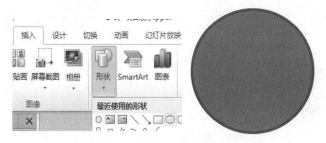

图 2.2.3　形状工具画圆示意图

（2）双击该圆形，进入格式界面。在形状填充中选择无颜色模式，并在形状轮廓中选择白色，如图 2.2.4 所示。

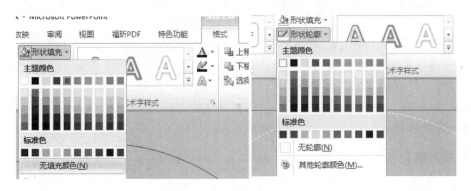

图 2.2.4　空心圆绘制过程

（3）选中该圆，右击选择"设置形状格式"，弹出对话框，在"线型"中设置"短划线类型"为"短划线"形式。操作过程如图 2.2.5 所示。

图 2.2.5　虚线圆变换过程

　　得到此虚线圆以后，进行复制成 3 个同样的圆，再按照排版要求进行布置即可。

2.　公司介绍页面设置

　　按照图示效果布置公司介绍页面和公司发展目标页面内容，最终效果如图 2.2.6 和图 2.2.7 所示。

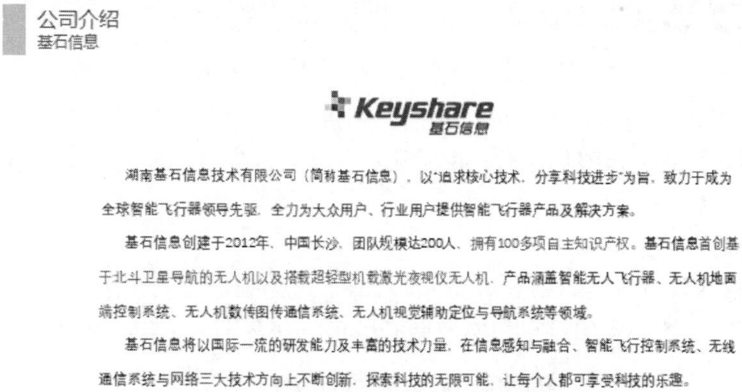

图 2.2.6　公司介绍页面效果展示

图 2.2.7　公司发展方向页面效果展示

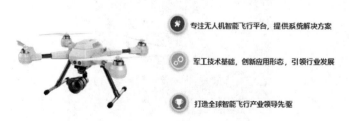

此部分以图文编排为主，注意文字排版要求。标题以 24 号字为准，正文内容以 16～20 号字为准。

3. 产品知识产权页面设置

在知识产权部分内容的阐述往往更倾向于使用图形和表图来进行说明，故采用这两种方法进行设计。此部分设计效果图如图 2.2.8 所示。

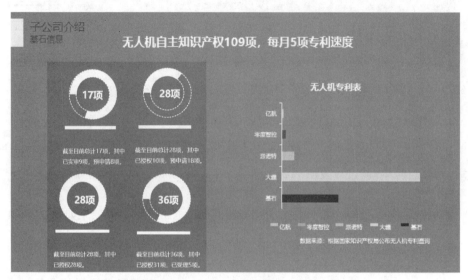

图 2.2.8　产品知识产权信息页效果展示

从效果图来看，左边对各种不同类别的专利进行分类展示，体现每一种专利申报数和已审核数。右边跟同行业进行整体比较，说明从行业来看，公司专利的对比情况。接下来对操作难点一一说明。

（1）画出圆形计数图。

1）选择"插入"选项卡，点击"形状"，从中选择圆形工具，选空心虚线圆。此做法与之前封面画圆方式一致。画出圆以后两两同心放置，并复制 3 份，效果如图 2.2.9 所示。

图 2.2.9　产品专利设计初步设计图

2）接着从"形状"中选择空心弧，更改颜色为白色，旋转一圈让其先变成一个空心圆。调整大小，与虚线框重合，并复制，分别跟之前的空心弧重合。再相互调整为合适弧度，操作如图 2.2.10 所示。

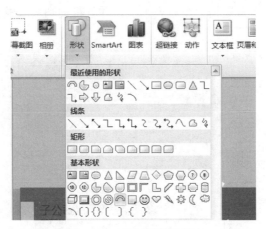

图 2.2.10　空心弧调用方法

（2）专利对比表。

1）点击"插入"选项卡，选择"图表"，如图 2.2.11 所示。在弹出的"插入图表"对话框中，选择"条形图"，再选择第一项"簇状条形图"。点击"确定"则可以进入该图表设置，如图 2.2.12 所示。

图 2.2.11　图表插入方法

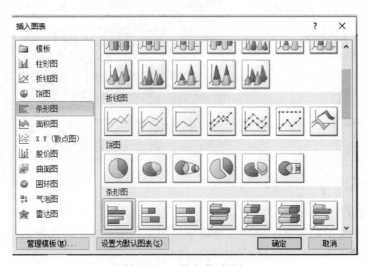

图 2.2.12　图表类型选择

　　提示： 插入图表时，会弹出 Excel 表格。每一横排数据都是属于某一个同样的产品或者物体的。而纵向则是不同产品之间的数据。

　　2）此处，每一个企业的产品专利各归一类，无多组数据，则所弹出的 Excel 中要将系列 2、系列 3 的数据删掉，所有数据记在系列 1 上，并且将类别名改成公司名，最后 Excel 表内容和所得图表如图 2.2.13 所示。

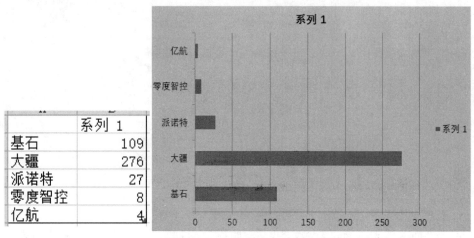

图 2.2.13　图表内数据表

　　（3）选中矩形条修改颜色，修改表名"系列 1"为"无人机专利表"。再选中行列坐标轴右击，将弹出快捷菜单如图 2.2.14 所示。点击选择"设置坐标轴格式"进行相应设置。设置过程中，先进入纵坐标轴格式内，将纵坐标下的线条颜色修改为白色实线，而横坐标的线条颜色修改为无线条，并删除横坐标数据，效果如图 2.2.15 所示。

图 2.2.14　表格网格设置

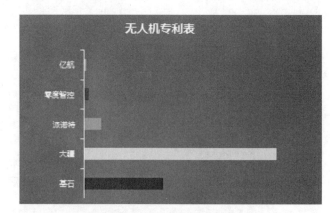

图 2.2.15　无人机专利表效果

4. 产品路线说明页制作

　　此部分包含产业战略示意图和产品战略示意图。利用形状功能进行布局设计即可。产品路线图如图 2.2.16 所示，产品战略图如图 2.2.17 所示。

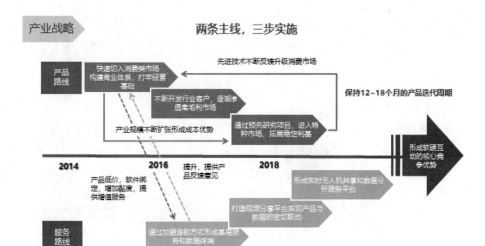

图 2.2.16　产业路线页效果图

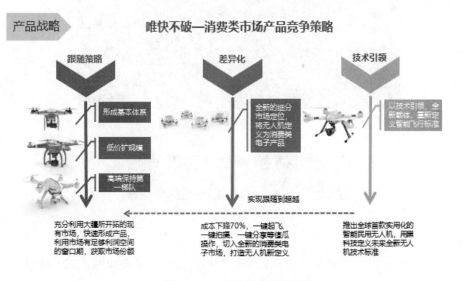

图 2.2.17　产品战略页效果图

5．产品视频页制作

有一段公司拳头产品视频要插入到演示文稿内播放。操作方法如下：

（1）选择"插入"选项卡，点击"视频"，选择"PC 上的视频"，在"素材 2-3"文件夹内找到相应视频插入，如图 2.2.18 所示。

（2）所插入的视频如图 2.2.19 所示，原视频有其他水印。

（3）插入文本框，键入"Keyshare 基石无人机"，形状填充为黑色，字体颜色为白色，如图 2.2.20 所示。用此掩盖源文件水印。

图 2.2.18　视频插入

图 2.2.19　视频插入效果图

图 2.2.20　水印掩盖横条

6. 产品线展示设置

该页幻灯片利用形状和图片插入，进行合理布局，最后效果图如图 2.2.21 所示。

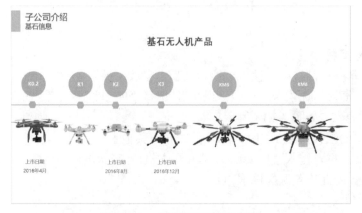

图 2.2.21　产品线展示页效果图

【拓展案例】

在公司工作一段时间，李明所在部门将开展一次部门活动，以表示对大家一段时间工作的认可，并活跃部门气氛。但一场活动的组织，人力、物力、财力需要面面俱到。为了做好这次活动，决定为此次活动做一个 PPT 策划书，梳理活动的方方面面，并向公司提出活动经费申请。在该活动策划中，需说明活动总体思路、内容构成、运作方式、问题及把控、费用预算和预期效果等六个方面。

根据要求进行演示文稿设计，最后演示文稿展示效果如图 2.2.22 所示。

图 2.2.22　活动策划类演示文稿效果展示

具体要求如下：

（1）创建演示文稿封面、封底，学会加载新的字体，全文标题使用"南构王天喜字体"，内容为黑色字体，颜色为白色。标题字号为 80，其他为 48。

（2）将封面样式设计成母板，并设置幻灯片的切换方式为"闪光"。

（3）创建目录页，标题使用"南构王天喜字体"，其余使用黑体。字号分别为 48 号和 20 号。

（4）创建活动章节页，分总体思路、内容构成、运作方式、问题及把控、费用预算、预期效果六个。其中标题号大小为 138 号，标题大小为 36 号，其他为 14 号。

（5）为各部分添加内容，按图 2.2.22 所示进行设计。如总体思路章节写明活动宗旨与目标，活动内容构成写明活动内容，活动运作方式写明现场安排和掌控手段，问题及把控章节写明可能存在的问题和应变措施，费用预算章节说明费用构成，预期效果章节写明预期成效和最后效果评估点。

（6）设计完成后，加入适量动画，并进行文件信息设置和加密。

操作步骤：

此设计中，部分操作为之前所学内容，不再赘述。仅对新的操作内容做简要说明。

1．设置演示文稿封面

封面设计最后效果图如图 2.2.23 所示。字体按要求设置，并采用艺术字，格式为"白色，强调颜色文字 1，金属棱台，映像样式"。

（1）特殊字体插入。使用特殊字体，从"素材 2-4"文件夹中选择名为"南构王天喜字体"。双击字体文件，打开如图 2.2.24 所示窗口，点击"安装"即可。

图 2.2.23 活动策划类演示文稿封面

图 2.2.24 特殊字体插入

（2）幻灯片母版。在该活动策划演示文稿内，我们希望将封面背景图案设计成母版。幻灯片母版是幻灯片层次结构中的顶层幻灯片，用于存储有关演示文稿的主题和幻灯片版式的信息，如背景、颜色、字体、效果、占位符大小和位置等。

1）单击"视图"选项卡，在"母版视图"栏中单击"幻灯片母版"按钮。将自动启动"幻灯片母版"选项卡，进入"幻灯片母版"视图，便可查看幻灯片母版，如图 2.2.25 所示。

图 2.2.25 母版设计界面

2）选中第一张幻灯片，单击"背景样式"按钮，并单击"设置背景格式"按钮进行背景设置，将弹出"设置背景格式"页面。选择"图片或纹理填充"，并选择插入自文件，从"素材 2-4"文件夹中选择"背景图"进行添加，结果如图 2.2.26 所示，点击"全部应用"即可完成背景设置。

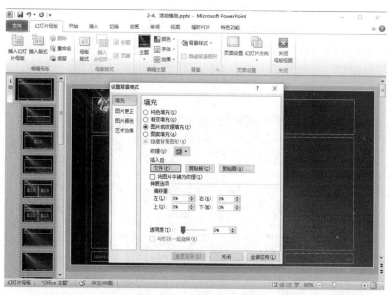

图 2.2.26　设置背景格式

3）对设计好的背景添加幻灯片切换动画，以配合背景实现动态展现。即选中母版第一张幻灯片，选择"切换"选项，在"效果"选项中点击"闪光"模式，如图 2.2.27 所示，即可完成幻灯片切换时闪光特效的加入。该特效跟探照灯的背景合为一体，就是一个比较合理的动态展示方式。

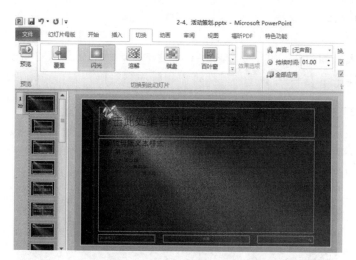

图 2.2.27　模板内添加幻灯片切换特效

4）退出母版模式，在幻灯片内添加新幻灯片就会自带背景内容。母版的设计还有很多内容，在此不多加叙述。

提示：①在该案例中，母版的设置都是在母版设计下对第一张幻灯片进行的操作，因为第一张幻灯片为整体母版，对它的设置将在任何的页面下都会起作用。②在 PowerPoint 2010 中，动画的设置有两部分。在"切换"功能下，设置幻灯片切换过程中的动画和特效；在"动画"功能下，则是设置在某一页幻灯片内所添加的动画。

2. 根据要求，开始该活动类演示文稿的内容设计

整个设计将分成静态页面设计和动画设计两部分。我们先完成演示文稿的静态设计。在设计目录页时，要注意我们的目录下要分成 6 项内容，分别是总体思路、内容构成、运作方式、问题及把控、费用预算、预期效果。标题字体采用"南构王天喜字体"，字号 48；其余内容采用黑体，字号 20。设置目录页，最终静态效果如图 2.2.28 所示。

图 2.2.28　目录页静态效果展示

可见此部分静态设计以图文编排为主，图形框体从"形状"功能选择合理框体设计，再从素材库中取相应的图像素材进行图形设计即可。

动画方面，六个图标采用回旋模式进入，文字内容按照淡出模式加直线运动进入，直线运动为从右至左移动。

3. 章节页设置

章节页设计效果如图 2.2.29 所示，数字标题字体字号为 138 号，中文标题字体字号为 36 号，其他内容字体字号为 14 号。字体的选择由设计者自行确定即可完成静态设计。

图 2.2.29　章节页效果展示

动态设计上，数字标题采用"伸展"效果动画，其他字符采用"浮出"效果动画。该章节设计较为简单，故不赘述。其他章节页同样设置即可。

提示：在排版中，文字字号选择有一定规则，以更好的达到演示效果。如封面和章节页字体设置，英文和数字一般采用 88～138 号字体，中文一般采用 48～72 号字体，备注或二级标题一般为 14～24 号字体；内容页中，标题一般为 28～48 号字体，文字内容则为 14～24 号字体。

4. 内容页设置

在活动策划类演示文稿的设计中，章节模块基本一致，但是活动内容、组织方式、运行方式、可能遇到的问题都差别较大，本案例的内容设计仅为一种参考。而且根据设计的要求，每一章节下工作的细化程度会有所不同。该案例内容页设计效果如图 2.2.30 所示。

图 2.2.30　内容页设计效果展示

因该内容页的设计大部分使用了之前课程所使用的方法，故简要说明设计过程，取其中可能存在的难点进行分析讲解。在板块调整后，主要的内容为：

（1）第一章节"活动总体思路"中，加入活动宗旨目标一页说明，分析活动宗旨和活动目标。

（2）第二章节"活动内容构成"中，加入活动内容一页说明，讲述新品推介、现场交流、节目表演、嘉宾演讲、游戏互动、幸运抽奖几部分内容。

（3）第三章节"活动运作方式"中，加入现场掌控一页说明，讨论现场气氛、秩序维护、嘉宾接待、人员协调等问题。

（4）第四章节"问题及把控"中，加入不确定因素和应变措施两页说明，讨论不确定的因素和应对办法。

（5）第五章节"费用预算"中，加入成本控制一页说明，讲述活动预估总费用和大致组成。

（6）第六章节"预期效果"中，加入预期成效一页说明，说明应该达到的效果，以协助判断费用投入是否可行。

【拓展训练】

在国庆节前夕，学校要开展爱国主题活动，要求以国庆为契机，分别对新中国成立以来所作功绩、发生的变化、历史启示和奋斗新征程进行宣传。国庆节演示文稿母版设置效果如图 2.2.31，国庆节演示文稿各页面效果图如图 2.2.32。

图 2.2.31　国庆节演示文稿母版设置效果图

要求如下：

（1）新建演示文稿，全文字体采用黑体，颜色为红色，使用"素材 2-4"文件夹中的文件，设计演示文稿封面封底。

（2）合理使用母版，在 Office 主题母版内，将背景进行添加。首尾页从"素材 2-4"文件夹中添加页眉背景和首尾页脚背景。过渡页添加过渡页脚背景，正文页按图 2.2.32 所示添加图片进行设计。

图 2.2.32　国庆节演示文稿效果图

（3）创建目录页，目录标题字体大小为 48 号，目录内容为 28 号，合理图片布局，保持整体美观。

（4）创建章节页，使用形状功能，编辑图形，按照图 2.2.32 所示的效果合理布局，章节页文字内容字体大小为 60 号。

（5）使用多种段落排版方式，创建相应内容页，字体大小为 18 号。

（6）幻灯片切换动画使用"擦除"效果，内容页根据需要适当添加动画。

【案例小结】

通过本案例的学习，由浅入深、循序渐进，读者学会了 PPT 的整体布局、SMART 图形或自建图形的使用、图表的建立，轴线图的设置等。要想演示文稿展示效果更好，请记住布局的三大要点：

（1）内容不在多，贵在精当。

（2）色彩不在多，贵在和谐。

（3）动画不在多，贵在需要。

第 3 章　Word 应用

　　Word 是 Microsoft 公司开发的 Office 系列办公组件重要组成部分，是目前世界上最出色的文字处理软件之一。利用它可以编辑排版文字、图形、图表等信息，形成各种不同类型的文档如：图书、论文、报纸、期刊、广告、海报、网页等。其增强后的功能可以更轻松、高效地组织和创建专业水准的文档。

案例 1　制作学院机房管理制度

【学习目标】

　　（1）掌握文档的创建和保存。
　　（2）掌握文档的页面设置。
　　（3）学会在文档中输入、编辑文字和符号。
　　（4）学会字体和段落的格式设置，美化文档。
　　（5）学会项目符号和编号的使用。

【案例分析】

　　信息工程学院为了规范机房管理，保证良好的机房学习环境，需编制机房管理制度，以明确教师、学生的使用守则以及机房管理人员的岗位职责。文档效果如图 3.1.1 所示。
　　具体要求如下：
　　（1）新建文档并合理保存。
　　（2）页面设置：纸张大小为 A4，页边距上为 2.2 厘米，下为 1.5 厘米，左右均为 2.5 厘米，页眉页脚距边界 1.5 厘米。
　　（3）编辑机房管理制度内容。
　　（4）美化修饰文档：
　　1）设置标题格式：标题为宋体，小二号，加粗，居中，段后间距为 1 行。
　　2）设置正文格式：正文为宋体，小四号，段落行距为固定值 22 磅；正文第一段首行缩进 2 字符。
　　3）设置正文标题行格式：正文三处标题行格式为四号，加粗，字符间距加宽 0.5 磅，段前、段后各 0.5 行间距。
　　4）为正文三处标题行添加项目符号。
　　5）按样文设置段落的项目编号。
　　6）设置落款字体右对齐。
　　7）为文档添加水印。
　　（5）预览及打印文档。

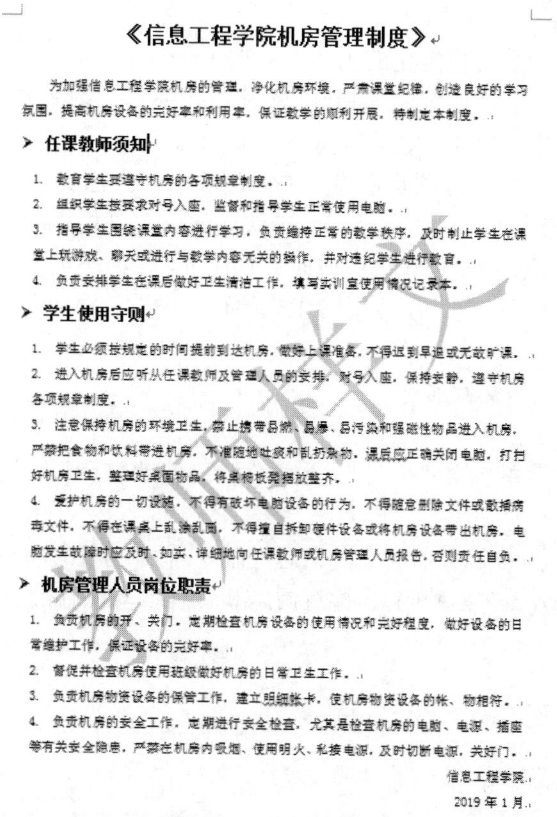

《信息工程学院机房管理制度》

为加强信息工程学院机房的管理，净化机房环境，严肃课堂纪律，创造良好的学习氛围，提高机房设备的完好率和利用率，保证教学的顺利开展，特制定本制度。

➤ **任课教师须知**

1. 教育学生要遵守机房的各项规章制度。

2. 组织学生按要求对号入座，监督和指导学生正常使用电脑。

3. 指导学生围绕课堂内容进行学习，负责维持正常的教学秩序，及时制止学生在课堂上玩游戏、聊天或进行与教学内容无关的操作，并对违纪学生进行教育。

4. 负责安排学生在课后做好卫生清洁工作，填写实训室使用情况记录本。

➤ **学生使用守则**

1. 学生必须按规定的时间提前到达机房，做好上课准备，不得迟到早退或无故旷课。

2. 进入机房后应听从任课教师及管理人员的安排，对号入座，保持安静，遵守机房各项规章制度。

3. 注意保持机房的环境卫生，禁止携带食品饮、易爆、易污染和强磁性物品进入机房，严禁把食物和饮料带进机房，不准随地吐痰和乱扔杂物。课后应正确关闭电脑，打扫好机房卫生，整理好桌面物品，将桌椅板凳摆放整齐。

4. 爱护机房的一切设施，不得有破坏电脑设备的行为，不得随意删除文件或数据病毒文件，不得在课桌上乱涂乱画，不得擅自拆卸硬件设备或将机房设备带出机房。电脑发生故障时应及时、如实、详细地向任课教师或机房管理人员报告，否则责任自负。

➤ **机房管理人员岗位职责**

1. 负责机房的开、关门。定期检查机房设备的使用情况和完好程度，做好设备的日常维护工作，保证设备的完好率。

2. 督促并检查机房使用班级做好机房的日常卫生工作。

3. 负责机房物资设备的保管工作，建立明细账卡，使机房物资设备的账、物相符。

4. 负责机房的安全工作，定期进行安全检查，尤其是检查机房的电脑、电源、插座等有关安全隐患，严禁在机房内吸烟、使用明火、私接电源，及时切断电源，关好门。

信息工程学院

2019 年 1 月

图 3.1.1　"信息工程学院机房管理制度"效果图

（6）保存文档。

【**知识准备**】

Microsoft Office 2010 用户界面是一种面向结果的界面，用户拥有简洁而整齐有序的工作区，使用户能够更加快速轻松地使用该应用程序。Word 2010 的工作窗口，如图 3.1.2 所示。

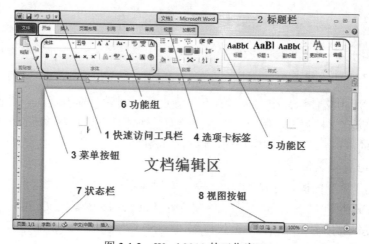

图 3.1.2　Word 2010 的工作窗口

1. 快速访问工具栏

快速访问工具栏是一个可自定义的工具栏，它包含一组独立于当前所显示选项卡的命令，位于"文件"菜单上方（默认位置），如果要改变它的位置，可以单击"自定义快速访问工具栏"列表选项，在列表中，单击"在功能区下方显示"。

快速访问工具栏上的命令选项是可以添加和删除的，方法如下：单击"自定义快速访问工具栏"，在弹出的列表中单击选中需要显示在快速访问工具栏中的命令，该命令前面就会出现一个勾，同时这个命令就会出现在快速访问工具栏上。如果不需要该命令出现在快速访问工具栏，只需要单击取消命令前的勾，如图 3.1.3 所示。

2. 标题栏

显示当前 Word 文档的文件名称。

3. 菜单按钮

Word 2010 的文件菜单包含"信息""最近""新建""打印""选项""打开""关闭""保存"等常用命令。

（1）信息命令面板。在默认打开的"信息"命令面板中，用户可以进行旧版本格式转换、保护文档（包含设置 Word 文档密码）、检查问题和管理自动保存的版本，如图 3.1.4 所示。

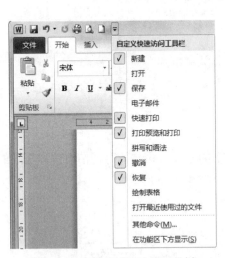
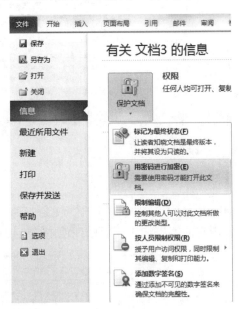

图 3.1.3 自定义快速访问工具栏　　　　　图 3.1.4 信息命令面板

（2）"最近所用文件"命令面板。打开"最近所用文件"命令面板，在面板右侧可以查看最近使用的 Word 文档列表，用户可以通过该面板快速打开使用的 Word 文档。在每个历史 Word 文档名称的右侧含有一个固定按钮，单击该按钮可以将该记录固定在当前位置，而不会被后续历史 Word 文档名称替换。

（3）"新建"命令面板。打开"新建"命令面板，用户可以看到丰富的 Word 2010 文档类型，包括"空白文档""博客文章""书法字帖"等 Word 2010 内置的文档类型。用户还可以通过 Office.com 提供的模板新建诸如"会议日程""证书""奖状""小册子"等实用 Word 文档，如图 3.1.5 所示。

图 3.1.5　新建命令面板

（4）"打印"命令面板。打开"打印"命令面板，在该面板中可以详细设置多种打印参数，例如双面打印、指定打印页等参数，从而有效控制 Word 2010 文档的打印结果。

（5）"Word 选项"对话框。选择"文件"面板中的"选项"命令，可以打开"Word 选项"对话框。在"Word 选项"对话框中可以开启或关闭 Word 2010 中的许多功能或设置参数。

4．选项卡

在顶部有七个基本选项卡，每个选项卡代表一个活动区域。选项卡上的任何项都是根据用户活动慎重选择的。例如，"开始"选项卡包含最常用的所有项，如字体、段落、剪贴板等。

5．功能区

在 Office 2010 用户界面中，传统的菜单和工具栏已被功能区所取代，功能区是一种将组织后的命令呈现在一组选项卡中的设计。功能区有三个基本组件：功能组、命令、对话框启动器 。

6．功能组

每个选项卡都包含若干个组，这些组将相关项显示在一起。如"字体"组中用于更改文本字体的命令有："字体""字号""加粗""倾斜"等。

7．状态栏

可以显示页码/总页数、字数、语言及改写/插入等很多信息，在底部的状态栏上右击，打开"自定义状态栏"选项，即可设置。

8．视图按钮

包括"页面视图""阅读版式视图""Web 版式视图""大纲视图"和"草稿视图"等五种视图模式。

9．上下文选项卡

为了减少混乱，某些选项卡仅在需要时才显示，这就是上下文选项卡。例如，单击图片即会出现一个"图片工具/格式"的选项卡，其中包含用于编辑图片的各种命令，如图3.1.6所示。

图3.1.6　上下文选项卡

【解决方案】

1．新建并保存文档（与PowerPoint操作类似）

（1）新建文档。

方法1：单击"开始"→"所有程序"→"Microsoft Office"→"Microsoft Word 2010"，启动Word应用程序，自动新建一个空白文档"文档1"。

方法2：将鼠标指针指向桌面上的Word快捷图标，双击，即可启动Word软件。

方法3：双击某个已存在的 Microsoft Word 2010 文档的图标。

（2）保存文档。

1）单击"文件"→"保存"命令，打开"另存为"对话框。

2）以"信息工程学院机房管理制度"为名，选择保存类型为"Word文档"，将该文档保存在"E:\办公软件应用"文件夹中。设置完成后的"另存为"对话框如图3.1.7所示。

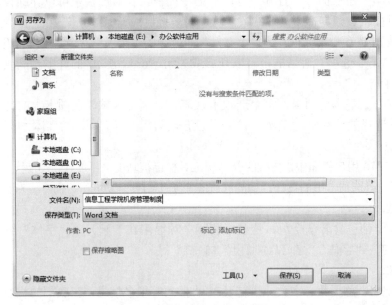

图3.1.7　"另存为"对话框

3）单击"保存"按钮或者按快捷键组合"Ctrl+S"。

提示：为了避免操作过程中由于掉电或操作不当造成文档丢失，可以使用Word 2010的自动保存功能，单击"文件"→"选项"命令，打开"Word选项"对话框，选择左侧的"保存"选项。在右侧的"保存文档"选项组中，选中"保存自动恢复信息时间间隔"复选框，然后在其右侧设置合理的自动保存时间间隔，如图3.1.8所示。

图 3.1.8　设置文档自动保存时间间隔

2. 页面设置

利用 Word 进行文档编辑时，先要进行纸张大小、页边距、页面方向、页眉页脚等页面设置操作。

（1）设置纸张大小：单击"页面布局"→"页面设置"→"纸张大小"按钮，从下拉菜单中选择"A4"，如图 3.1.9 所示。

（2）设置页边距。单击"页面布局"→"页面设置"→"页边距"按钮，从下拉菜单中选择"自定义边距"，打开"页面设置"对话框。在"页边距"选项卡中根据要求设置上为 2.2 厘米，下为 1.5 厘米，左右均为 2.5 厘米，并将纸张方向设为"纵向"，如图 3.1.10 所示。

图 3.1.9　设置纸张大小

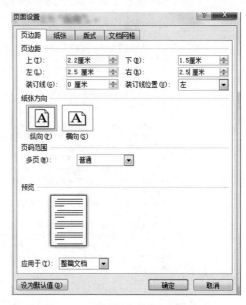

图 3.1.10　设置页边距和纸张方向

（3）切换到"版式"选项卡，设置页眉页脚距边界 1.5 厘米，如图 3.1.11 所示。

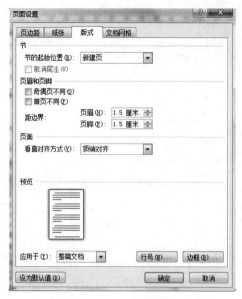

图 3.1.11 设置页眉页脚距边界值

提示： 设置页边距、页眉页脚等的数值时，既可以单击页边距选项卡中的增减按钮调整数值，也可以在设置值的文本框中直接输入所需的数值。

3. 录入文字

在空白文档中录入"信息工程学院机房管理制度"的文字。每个自然段结束时按"Enter"键表示段落结束，并增加新的段落。文字内容见图 3.1.12。

《信息工程学院机房管理制度》
为加强信息工程学院机房的管理，净化机房环境，严肃课堂纪律，创造良好的学习氛围，提高机房设备的完好率和利用率，保证教学的顺利开展，特制定本制度。
任课教师须知
教育学生要遵守机房的各项规章制度。
组织学生按要求对号入座，监督和指导学生正常使用电脑。
指导学生围绕课堂内容进行学习，负责维持正常的教学秩序，及时制止学生在课堂上玩游戏、聊天或进行与教学内容无关的操作，并对违纪学生进行教育。
负责安排学生在课后做好卫生清洁工作，填写实训室使用情况记录本。
学生使用守则
学生必须按规定的时间提前到达机房，做好上课准备，不得迟到早退或无故旷课。
进入机房后应听从任课教师及管理人员的安排，对号入座，保持安静，遵守机房各项规章制度。
注意保持机房的环境卫生，禁止携带易燃、易爆、易污染和强磁性物品进入机房，严禁把食物和饮料带进机房，不准随地吐痰和乱扔杂物。课后应正确关闭电脑，打扫好机房卫生，整理好桌面物品，将桌椅板凳摆放整齐。
爱护机房的一切设施，不得有破坏电脑设备的行为，不得随意删除文件或散播病毒文件，不得在课桌上乱涂乱画，不得擅自拆卸硬件设备或将机房设备带出机房。电脑发生故障时应及时、如实、详细地向任课教师或机房管理人员报告，否则责任自负。
机房管理人员岗位职责
负责机房的开、关门。定期检查机房设备的使用情况和完好程度，做好设备的日常维护工作，保证设备的完好率。
督促并检查机房使用班级做好机房的日常卫生工作。
负责机房物资设备的保管工作，建立明细账卡，使机房物资设备的帐、物相符。
负责机房的安全工作，定期进行安全检查，尤其是检查机房的电脑、电源、插座等有关安全隐患，严禁在机房内吸烟、使用明火、私接电源，及时切断电源，关好门。
信息工程学院
2019 年 1 月

图 3.1.12 "机房管理制度"文档内容

提示：在 Word 中输入文本时，用户可以连续不断地输入，当到达页面的最右端时插入点会自动移动下一行行首位置，这就是 Word 的"自动换行"功能。

不要利用空格键来排版；段落标记符 ↵ 是 Word 中的一种非打印字符，它能够在文档中显示，但不会被打印出来。

4．美化修饰文档

文档编辑完成后，通过字体、段落、项目符号和编号、对齐等设置可对文档进行美化和修饰。

（1）设置标题格式。选中标题文字，单击"开始"选项卡，在字体功能组中设置为宋体、小二号、加粗；在段落功能组中单击居中按钮"三"，实现标题居中；单击段落组的对话框启动器 ，打开"段落"对话框，设置段后间距为 1 行，如图 3.1.13 所示。

提示：设置字体格式时，也可以选中要设置的文本，右击，从快捷菜单中选择"字体"命令，再在"字体"对话框中进行设置。或者单击字体组的对话框启动器，打开"字体"对话框，如图 3.1.14 所示。

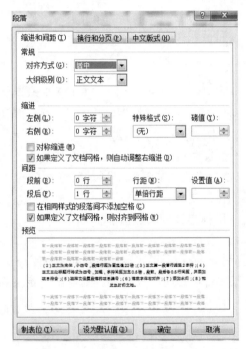
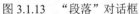

图 3.1.13　"段落"对话框

图 3.1.14　"字体"对话框

（2）设置正文格式。

1）选中正文所有字符，字体设置为宋体、小四号，打开"段落"对话框，设置"间距"→"行距"→"固定值"，值为 22 磅。

2）选中正文第一段，打开"段落"对话框，设置"缩进"→"特殊格式"→"首行缩进"，值为 2 字符。

（3）设置正文标题行格式。

1）选中标题行文本"任课教师须知"，将其字体格式设置为四号、加粗，段前、段后各 0.5 行间距，并设置字符间距为 0.5 磅：打开"字体"对话框，切换到"高级"选项卡，如图

3.1.15 所示，设置间距为"加宽"，磅值为 0.5 磅。

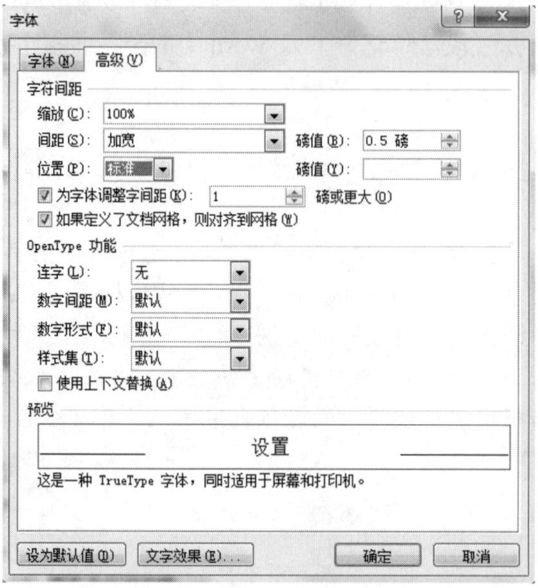

图 3.1.15　设置字符间距

2）保持选中文本状态，在"开始"→"剪贴板"中双击"格式刷"按钮 格式刷 ，使其呈选中状态，移动鼠标，此时鼠标指针变成了一把刷子，按住鼠标左键，刷过"学生使用守则"文本，这样该段落就具有和"任课教师须知"文本段落一样的格式。

提示：可以使用"格式刷"应用文本格式和一些基本图形格式，如边框和填充。单击格式刷按钮，可以应用一次，双击格式刷按钮，可以应用多次，直至取消格式刷功能。

3）用同样的方法继续刷文本"机房管理人员岗位职责"。

4）再次单击"格式刷"按钮取消格式刷功能，鼠标指针变成正常形状。

（4）添加项目符号。

选择一行标题行文本，按住"Ctrl"键，再选择另外两行标题行文本，单击"开始"→"段落"→"项目符号"按钮 三 ，添加 ➤ 符号。若项目符号库中没显示，则点击"定义新项目符号"→"符号"，弹出"符号"对话框，选择所需符号，点击"确定"，如图 3.1.16 所示。

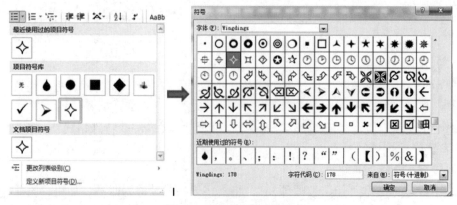

图 3.1.16　添加项目符号

（5）按样文设置段落的项目编号，如图 3.1.17 所示。

> **学生使用守则**

1. 学生必须按规定的时间提到到达机房，做好上课准备，不得迟到早退或无故旷课。
2. 进入机房后应听从任课教师及管理人员的安排，对号入座，保持安静，遵守机房各项规章制度。
3. 注意保持机房的环境卫生，禁止携带易燃、易爆、易污染和强磁性物品进入机房，严禁把食物和饮料带进机房，不准随地吐痰和乱扔杂物。课后应正确关闭电脑，打扫好机房卫生，整理好桌面物品，将桌椅板凳摆放整齐。
4. 爱护机房的一切设施，不得有破坏电脑设备的行为，不得随意删除文件或散播病毒文件，不得在课桌上乱涂乱画，不得擅自拆卸硬件设备或将机房设备带出机房。电脑发生故障时应及时、如实、详细地向任课教师或机房管理人员报告，否则责任自负。

图 3.1.17　为具体内容添加项目编号

1）选中该部分的 4 个段落，单击"开始"→"段落"→"编号"按钮三▼，选中的 4 段文字自动获得如"1.""2."的编号。

2）继续选中添加了项目编号后的段落，单击"开始"→"段落"→"增加缩进量"按钮，可适当增加段落的缩进量，更能显示文档的层次性。

3）参照以上格式设置方法，为文中其他部分内容添加好项目编号。

提示：①若要使用其他编号格式，可单击"开始"→"段落"→"编号"按钮三▼右侧的下拉按钮，打开编号列表，设置编号格式。②若添加后的项目符号和编号，与文字距离过宽，可以通过减少"开始"→"段落"→"缩进"中的缩进值，并点击"制表位"，弹出"制表位"对话框，将默认制表位改为 0 字符，如图 3.1.18 所示。

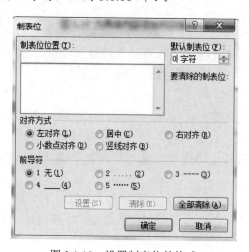

图 3.1.18　设置制表位的格式

（6）设置落款字体右对齐。选中最后两行文本，单击"开始"→"段落"→"文本右对齐"按钮。

（7）添加水印。单击"页面布局"→"页面背景"组→"水印"→"自定义水印"，弹出"水印"对话框，如图 3.1.19 进行设置。

图 3.1.19　为页面添加水印

提示：添加水印后，在文档的页眉处会显示边框线，可以通过以下方法去掉：双击页眉，选中段落标记符号，选择段落组中的边框按钮 ，设置为无框线。

5. 预览及打印文档

文档编排完成后就可以准备打印了。打印前，一般先使用打印预览 功能查看文档的整体编排，满意后再将其打印，若还需修改，则可单击"开始"选项卡，回到文档的编辑状态进行修改。

6. 保存文档

【知识拓展】

1. 文本的输入和编辑

（1）输入文本。按"Ctrl+空格"键，可以快速切换中英文输入法。按"Ctrl+Shift"键，可以快速切换不同的输入法。

若需在文档中输入一些诸如希腊字母、罗马数字、日文片假名及汉语拼音等特殊符号，通过键盘是无法输入的，则将光标放置在要插入符号的位置，选择"插入"选项卡→"符号"按钮→"其他符号"，弹出"符号"对话框，进行查找。

（2）选定文本。

方法 1：选择任意连续文本：①将鼠标指针指向待选文本的起始位置，按下鼠标左键拖动鼠标到待选文本的结束处，释放鼠标，即将鼠标拖动轨迹中的文本选定；②在待选文本的开始处单击，然后按住"Shift"键在待选文本结尾处单击，即可选定两次单击处之间的连续文本。

方法 2：利用选定栏选定文本：当鼠标移动到左边选定栏（即文档左边界与页面工作区的左边界之间的一栏）时，鼠标会自动变成向右的箭头，单击选定一行，双击选定一个段落，三击选定全文。

方法 3：全选的操作：单击"开始"选项卡→"编辑"组→"选择"列表→"全选"命令。或者使用快捷键："Ctrl+A"。

（3）移动和复制文本。

方法 1：选定文本，按住鼠标左键拖动到目标位置即完成文本的移动；若在鼠标拖动的同时按住"Ctrl"键，则可完成文本的复制操作。

方法 2：选定文本，单击"开始"→"剪贴板"→"剪切"/"复制"，将选中的文本剪切或复制下来，将光标移动到插入文本的位置，然后单击"开始"→"剪贴板"→"粘贴"，即可将文本移动或复制到新的位置。剪切的快捷键是"Ctrl+X"，复制的快捷键是"Ctrl+C"，粘贴的快捷键是"Ctrl+V"。

（4）删除文本。使用"Backspace"键删除光标左边的字符，使用"Delete"键删除光标右边的字符。

（5）清除格式。选定要清除格式的文本，然后单击"开始"→"字体"→"清除格式" 按钮，则可以清除文本的格式，而不改变文本的内容。

（6）撤消和恢复。在 Word 2010 中，用户可以撤消和恢复多达 100 项操作。操作方法如下：

1）撤消执行的上一项或多项操作。

方法 1：单击快速访问工具栏上的"撤消键入"按钮。

方法 2：按快捷键"Ctrl+Z"。

方法 3：要同时撤消多项操作，可单击"撤消键入"旁的箭头，从列表中选择要撤消的操作，然后单击列表，所有选中的操作都会被撤消。

2）恢复撤消的操作。若要恢复某个撤消的操作，可单击快速访问工具栏中的"重复键入"按钮。快捷键为"Ctrl+Y"。

2. 视图

在 Word 2010 的"视图"选项卡中，包含了视图与显示的各种命令，如图 3.1.20 所示。

图 3.1.20　"视图"选项卡

（1）"文档视图"组。Word 2010"视图"选项卡的"文档视图"组提供了多种视图方式，在不同的视图下，屏幕上显示的情况可能不一样，但文档的内容是一样的，各种视图的应用和功能如下所述。也可以点击窗口底部状态栏中的视图切换按钮，可以在各视图间自由切换。

1）页面视图：是 Word 默认的视图方式，也是使用最多的一种视图方式。在页面视图中，可以进行编辑排版，处理文本框、图文框、版面样式等，具有"所见即所得"的显示效果，在屏幕上看到的页面内容就是实际打印的效果。

2）阅读版式视图：是进行了优化的视图，用最大空间来阅读和批注文档，以便于在计算机屏幕上阅读文档。该视图的目标是增加可读性，文本是采用 Microsoft ClearType 技术自动显示的，这样可以方便地增大或减小文本显示区域的尺寸，而不会影响文档中的字体大小。

3）Web 版式视图：也称为联机版式视图，可查看网页形式的文档，是 Word 视图方式中唯一一种按照窗口大小进行折行显示的视图方式（其他视图均是按页面大小进行显示），该视图方式显示字体较大，方便了用户的联机阅读。

4）大纲视图：用于查看大纲形式的文档外观，并显示大纲工具，主要用于长文档的编辑。该视图方式是按照文档中标题的层次来显示文档，用户可以折叠文档或者扩展文档，从而使得用户查看文档的结构变得十分容易。

5）草稿：是 Word 最基本的视图方式，它可显示完整的文字格式，但简化了文档的页面布局（如对文档中嵌入的图形及页眉、页脚等内容就不予显示），其显示速度相对较快，因而非常适合于文字的录入编辑阶段。

（2）"显示"组。"显示"组中包含 3 个复选框。单击任一选项，其前的方框中出现"√"，表示被选中，再次单击表示被取消。

1）标尺：显示标尺，用于测量和对齐文档中的对象。

2）网格线：显示网格线，以便将文档中的对象沿网格线对齐。

3）导航窗格：打开文档结构图，以便通过文档的结构性视图进行导航。

（3）"显示比例"组。通过"显示比例"组中的各命令可以使用各种比例和方式查看文档。

1）显示比例。

单击"显示比例"按钮，在弹出的"显示比例"对话框中可以指定文档的缩放比例，如图 3.1.21 所示。

也可以使用窗口底部状态栏中的缩放控件，快速改变文档的显示比例，如图 3.1.22 所示。

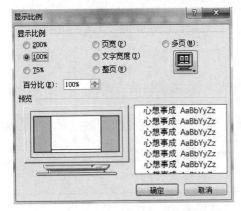

图 3.1.21　"显示比例"对话框

图 3.1.22　状态栏中的缩放控件

2）单页：更改文档的显示比例，使整个页面适应窗口大小。

3）双页：更改文档的显示比例，使两个页面适应窗口大小。

4）页宽：更改文档的显示比例，使页面宽度与窗口宽度一致。

（4）"窗口"组。通过"窗口"组中各命令可以在各种窗口中查看文档。

1）新建窗口：打开一个包括当前文档的新窗口。

2）全部重排：在屏幕上并排平铺所有打开的程序窗口。

3）拆分：将当前窗口拆分为两部分，以便同时查看文档的不同部分。

4）切换窗口：切换到当前打开的其他窗口。

5）并排查看：将打开的文档并排显示。

6）同步滚动：当使用了并排查看文档后，默认为同步滚动，即并排查看的文档一起滚动，取消后，可以单独滚动查看其中一个文档。

3．文本的格式设置

在"开始"选项卡的"字体"和"段落"组中有以下按钮命令，如表 3.1.1 所示。

表 3.1.1　"字体"和"段落"组中的部分命令

按钮	功能
abc 删除线	绘制一条贯穿所选文字的线
x₂ 下标	在文字基线下方创建小字符
x² 上标	在文本基线上方创建小字符
A 增大字体	增大字号
A 减小字体	减小字号
Aa 更改大小写	将所选文字更改为全部大写、全部小写或其他常见的大小写形式
清除格式	清除所选内容的所有格式，只留下纯文本
拼音指南	显示拼音字符以明确发音
A 字符边框	在一组字符或者句子周围应用边框
文本效果	对所选文本应用外观效果（如阴影、发光或映像）
aby 突出显示文本	使文字看上去像是使用荧光笔做了标记一样
A 字符底纹	添加底纹背景
带圈字符	在字符周围放置圆圈或边框加以强调
显示/隐藏编辑标记	显示段落标记和其他隐藏的格式符号
中文版式	自定义中文或混合文字的版式，如纵横混排、合并字符、字符缩放等

【拓展案例】

小米在专业竞赛中发挥不好，导致整个参赛团队的成绩非常不理想，他非常自责难过，辅导员老师和同学们都疏导他，张同学为鼓励这位好友，写了一篇文章《再试一次》，并设计了如图 3.1.23 所示的文档。

具体要求：

（1）页面设置：页面上、下边距各 2.5 厘米，左、右边距各 3 厘米，页眉距边界 2.7 厘米。页面的背景颜色为"羊皮纸"纹理。并为页面添加 4.5 磅、橙色、"▬▬▬"样式的页面边框。

（2）插入页眉和页脚：为文档分别插入"字母表型"页眉和页脚，录入页眉标题为"再试一次"，页脚文字为"永不言败"，页码不变，字体都设置为方正姚体、四号、加粗、紫色。

（3）标题：华文行楷、32 磅、加粗、居中，添加文字效果为文本渐变填充，预设颜色为熊熊火焰。

（4）将正文部分所有文本段落间距设为段前 0.5 行，行距为固定值 18 磅。

（5）为正文第 1 段字体设置为华文新魏、三号、深红色，首字下沉 2 行。

（6）为正文第 2 段文字添加浅绿色底纹；第 2、3、4 段均首行缩进 2 字符且字体均设置为微软雅黑、小四、倾斜。

（7）将第 3 段的首字"一"设置为带圆圈字符，并保持文字大小不变，增大圈号。

（8）为最后一段文字添加深红色的波浪下划线，并为"成功需要挑战"字样设置"合并字符"的中文版式，字号为 12 磅。

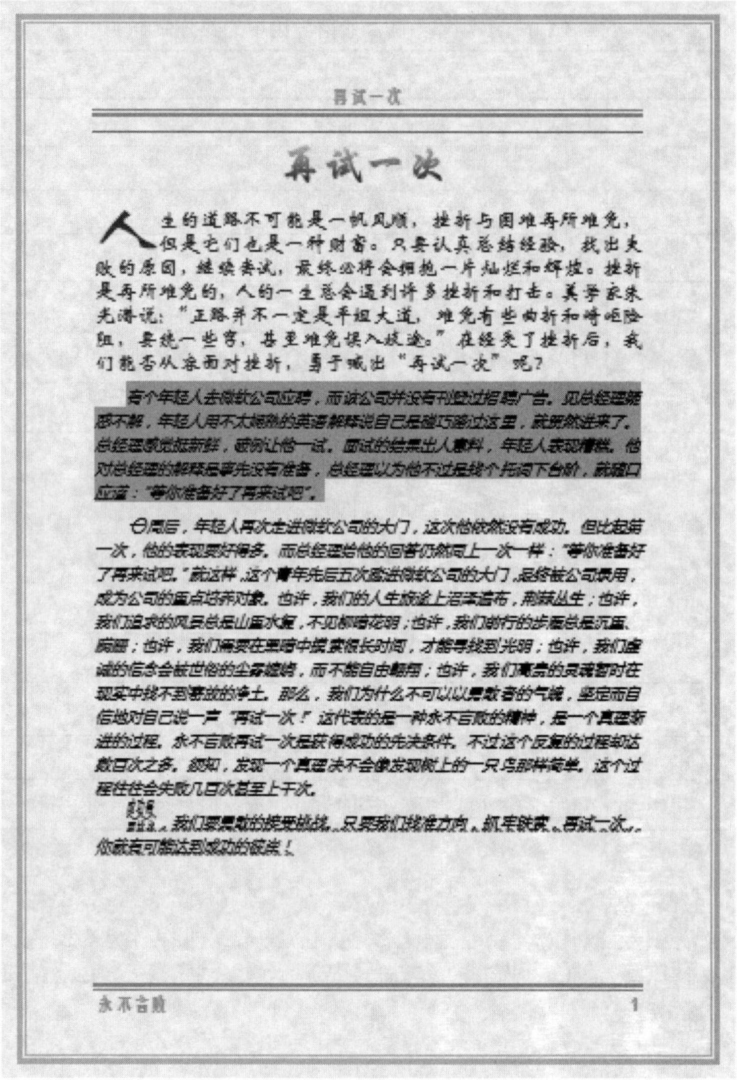
再试一次

再试一次

人生的道路不可能是一帆风顺，挫折与困难再所难免，但是它们也是一种财富。只要认真总结经验，找出失败的原因，继续尝试，最终必将会拥抱一片灿烂和辉煌。挫折是再所难免的，人的一生总会遇到许多挫折和打击。美学家朱光潜说："正路并不一定是平坦大道，难免有些曲折和崎岖险阻，要绕一些弯，甚至难免误入歧途。"在经受了挫折后，我们能否从容面对挫折，勇于喊出"再试一次"呢？

有个年轻人去微软公司应聘，而该公司并没有刊登过招聘广告。见总经理疑惑不解，年轻人用不太娴熟的英语解释说自己是碰巧路过这里，就贸然进来了。总经理感觉很新鲜，破例让他一试。面试的结果出人意料，年轻人表现糟糕。他对总经理的解释是事先没有准备，总经理以为他不过是找个托词下台阶，就随口应道："等你准备好了再来试吧"。

一周后，年轻人再次走进微软公司的大门，这次他依然没有成功。但比起第一次，他的表现要好得多。而总经理给他的回答仍然同上一次一样："等你准备好了再来试吧。"就这样，这个青年先后五次踏进微软公司的大门，最终被公司录用，成为公司的重点培养对象。也许，我们的人生旅途上沼泽遍布，荆棘丛生；也许，我们追求的风景总是山重水复，不见柳暗花明；也许，我们前行的步履总是沉重、蹒跚；也许，我们需要在黑暗中摸索很长时间，才能寻找到光明；也许，我们虔诚的信念会被世俗的尘雾缠绕，而不能自由翱翔；也许，我们高贵的灵魂暂时在现实中找不到寄放的净土。那么，我们为什么不可以以勇敢者的气魄，坚定而自信地对自己说一声"再试一次！"这代表的是一种永不言败的精神，是一个真理渐进的过程。永不言败再试一次是获得成功的先决条件。不过这个反复的过程却达数百次之多。须知，发现一个真理决不会像发现树上的一只鸟那样简单。这个过程往往会失败几百次甚至上千次。

我们要勇敢的接受挑战，只要我们找准方向，抓牢机会，再试一次，你就有可能达到成功的彼岸！

永不言败 1

图 3.1.23 《再试一次》效果图

操作步骤：

1. 页面设置

（1）打开原文档"再试一次.docx"，单击"页面布局"选项卡→"页面设置"组→对话框启动器，弹出"页面设置"对话框，设置页面的上、下边距各 2.5 厘米，左、右边距各 3 厘米，再切换到"版式"选项卡，设置页眉距边界 2.7 厘米。

（2）单击"页面布局"选项卡→"页面背景"组→"页面颜色"下拉列表→"填充效果"，弹出"填充效果"对话框，切换到"纹理"选项卡，如图 3.1.24 所示，选择"羊皮纸"图案，单击"确定"按钮。

（3）单击"页面布局"选项卡→"页面背景"组→"页面边框"，弹出"边框和底纹"对话框，在"页面边框"选项卡中，点击"方框"，选择"▬▬"样式，颜色设为橙色、宽度为 4.5 磅、应用于"整篇文档"，如图 3.1.25 所示。

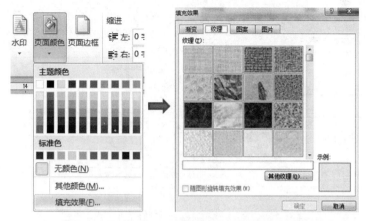

图 3.1.24　"填充效果"对话框

图 3.1.25　"边框和底纹"对话框

2. 为文档插入页眉和页脚

（1）单击"插入"选项卡→"页眉和页脚"组→"页眉"下拉列表，选择"字母表型"，如图 3.1.26 所示。在"键入文档标题"处输入文字"再试一次"，字体设置为方正姚体、四号、加粗、紫色。

（2）类似以上的方法，插入"字母表型"页脚，如图 3.1.27 所示，页脚文字为"永不言败"，页码不变，同样设置字体格式为方正姚体、四号、加粗、紫色。

3. 设置标题文本格式

（1）选中标题文字"再试一次"，单击"开始"→"字体"组，设置为华文行楷、32 磅、加粗，在"段落"组中单击"居中"按钮 ≡。

（2）单击字体对话框启动器，弹出"字体"对话框，单击"文字效果"按钮，弹出"设置文本效果格式"对话框，在文本填充项中，选中"渐变填充"，预设颜色选择"熊熊火焰"，如图 3.1.28 所示，再点击关闭、确定。

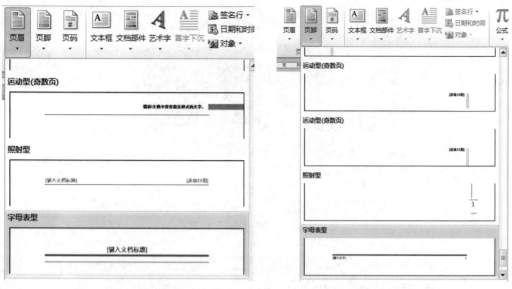

图 3.1.26　插入页眉　　　　　　　　　　　图 3.1.27　插入页脚

图 3.1.28　设置文本效果

4. 设置正文文本格式

（1）选中正文部分，单击"开始"选项卡→"段落"组→对话框启动器，弹出"段落"对话框，设置间距为段前 0.5 行，行距为固定值 18 磅。

（2）选中正文第 1 段文本，将字体设置为华文新魏、三号、深红色。选中第一个文本"人"字，单击"插入"选项卡→"文本"组→"首字下沉"下拉列表→"首字下沉选项"，弹出对话框，设置如图 3.1.29 所示，实现首字下沉 2 行的效果。

（3）选中正文第 2 段文字，单击"开始"→"段落"→"底纹"按钮，选择浅绿色，如图 3.1.30 所示。再选中第 2、3、4 段的文本，将字体设置为微软雅黑、小四、倾斜 I。在"段落"对话框中，设置"缩进"→"特殊格式"→"首行缩进"，值为 2 字符。

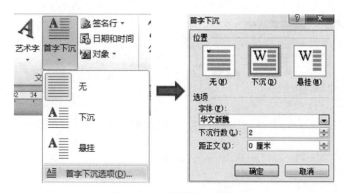

图 3.1.29　设置首字下沉

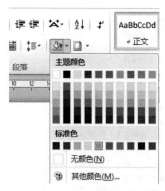

图 3.1.30　设置底纹

图 3.1.31　设置带圈字符

（4）选中第 3 段的首字符"一"，单击"开始"→"字体"→"带圈字符"按钮 🉂，弹出对话框，如图 3.1.31 所示进行设置。

（5）选中最后一段文字，单击字体功能组中的下划线按钮 **U** ˅，选择波浪线，并设置下划线颜色为深红色，如图 3.1.32 所示。选中文字"成功需要挑战"，单击段落功能组中的中文版式按钮 ✕˅，选择"合并字符"，弹出对话框，设置字号为 12 磅，如图 3.1.33 所示。

图 3.1.32　设置下划线

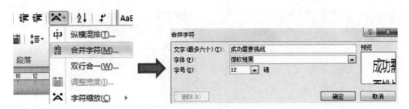

图 3.1.33　设置合并字符

5. 保存文档

【拓展训练】

（1）按要求完成以下文档的格式编排，如图 3.1.34 所示。

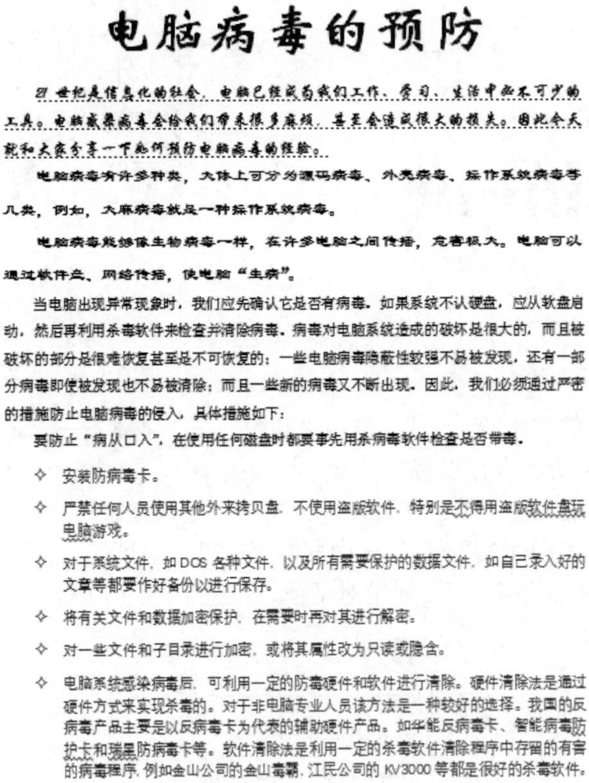

电脑病毒的预防

21 世纪是信息化的社会，电脑已经成为我们工作、学习、生活中必不可少的工具。电脑感染病毒会给我们带来很多麻烦，甚至会造成很大的损失，因此今天就和大家来一下如何预防电脑病毒的经验。

电脑病毒有许多种类，大体上可分为源码病毒、外壳病毒、操作系统病毒等几类，例如，大麻病毒就是一种操作系统病毒。

电脑病毒能够像生物病毒一样，在许多电脑之间传播，危害极大。电脑可以通过软件盘、网络传播，使电脑"生病"。

当电脑出现异常现象时，我们应先确认它是否有病毒。如果系统不认硬盘，应从软盘启动，然后再利用杀毒软件来检查并清除病毒。病毒对电脑系统造成的破坏是很大的，而且被破坏的部分是很难恢复甚至是不可恢复的；一些电脑病毒隐蔽性较强不易被发现。还有一部分病毒即便被发现也不易被清除；而且一些新的病毒又不断出现。因此，我们必须通过严密的措施防止电脑病毒的侵入，具体措施如下：

要防止"病从口入"，在使用任何磁盘时都要事先用杀病毒软件检查是否带毒。

　◇　安装防病毒卡。

　◇　严禁任何人员使用其他外来拷贝盘，不使用盗版软件，特别是不得用盗版软件盘玩电脑游戏。

　◇　对于系统文件，如 DOS 各种文件，以及所有需要保护的数据文件，如自己录入好的文章等都要作好备份以进行保存。

　◇　将有关文件和数据加密保护，在需要时再对其进行解密。

　◇　对一些文件和子目录进行加密，或将其属性改为只读或隐含。

　◇　电脑系统感染病毒后，可利用一定的防毒硬件和软件进行清除。硬件清除法是通过硬件方式来实现杀毒的。对于非电脑专业人员该法是一种较好的选择。我国的反病毒产品主要是以反病毒卡为代表的辅助硬件产品。如华能反病毒卡、智能病毒防护卡和瑞星防病毒卡等。软件清除法是利用一定的杀毒软件清除程序中存留的有害的病毒程序，例如金山公司的金山毒霸，江民公司的 KV3000 等都是很好的杀毒软件。

图 3.1.34　文档效果图

具体要求：

1）页面设置：页边距上下各 4 厘米，左右各 3 厘米，页眉页脚距边界各 2 厘米。

2）标题：华文新魏、40 磅、加粗、居中、深蓝色。

3）将正文所有段落设置首行缩进 2 字符，第 1 段的文本字体设置为华文行楷、小四，并添加点式下划线，行距设置为固定值 20 磅。

4）将正文第 2、3 段的文本设置为隶书、小四，行距为 1.5 倍。

5）将正文第 4、5 段的文本设置为宋体、五号，行距为 1.25 倍。

6）为正文第 6-11 段文本添加项目符号◈，并设置字体颜色为紫色，段落间距为段前 0.5 行、段后 0.5 行。

（2）新建文档，完成以下请假条，并按要求进行设置，如图 3.1.35 所示。

××学院学生请假条

_____学院_____班_____同学（性别：A 男，B 女；住宿情况：住校：A、_____栋_____室，

B、走读），因_____事由需请假_____天_____晚，（初步去向：_____联系方

式：_____），具体时间为：_____年_____月_____日至_____年_____月_____日，销假时

间：_____。

辅导员审批：_____　　　　二级学院审批：_____

学工处审批：_____　　　　主管院领导审批：_____

附：1、住宿学生请假时须持三张请假条（（上交二级学院与宿舍各一份，交班级学习委员一份），走读生须持两张。

2、请假时间在一天以内，由辅导员批准；一天以上至三天由辅导员签署意见后经二级学院审批同意；三天以上至五天由辅导员、二级学院签署意见后经学工处批准；五天以上由辅导员、二级学院、学工处签署意见后经主管院领导批准。

3、性别与住宿情况请在相应的选项上划勾或填写。4、学生返校当日须到二级学院销假。5、假条不能涂改，涂改无效。

图 3.1.35　请假条效果图

具体要求：

（1）录入内容。

（2）页面设置：A4 纸，纵向，上、下边距各 1.5 厘米，左、右边距各 1 厘米。

（3）标题：黑体、小三、加粗、居中、字符间距加宽 2 磅。

（4）正文：宋体、五号，附录文字前的段落行距为 1.5 倍，附录文字为单倍行距。

（5）按样文效果调整，并以"请假条"为名保存。

【案例小结】

通过以上案例的学习，读者学会了 Word 文档的创建、保存、页面设置、文档的录入、编辑等基本操作，学会设置字体格式、段落格式以及利用项目符号和编号对段落进行相关的美化和修饰。

案例 2　制作个人名片

【学习目标】

（1）掌握图片、艺术字、文本框等对象的插入。

（2）学会图形的格式设置及组合。

（3）学会邮件标签的应用。

（4）学会根据需要调整图形，美化排版效果。

【案例分析】

毕业没多久的米多多，由于工作态度认真，管理协调能力强，专业技术也很不错，晋升

为技术总监。因此，需要制作一张新名片待用。要求印有姓名、职务、手机、传真、邮箱、公司地址等信息，制作完成后的效果如图 3.2.1 所示。

图 3.2.1　名片效果

【解决方案】

1. 单张名片的制作

（1）新建文档，页面设置。

新建（"Ctrl+N"）一个 Word 文档，以"单张名片"为名保存。单击"页面布局"选项卡→"页面设置"→对话框启动器，在弹出的"页面设置"对话框中设置页面的纸张大小为自定义：宽度为 9 厘米，高度为 5.4 厘米，如图 3.2.2 所示。并切换到"页边距"选项卡，将页面的上下左右边距均设为 0，点击"确定"，此时会弹出如图 3.2.3 所示的对话框，选择"忽略"。

图 3.2.2　设置自定义纸张大小

提示：名片常用尺寸有 90mm×54mm、90mm×50mm 和 90mm×45mm 三种，90mm×54mm 符合"1:0.618"最佳和谐视觉的黄金比例。美式标准名片尺寸：90mm×50mm（这是 16:9 符合眼球视觉的白金比例）。有的为了方便携带会做更小些的，如 80mm×50mm。

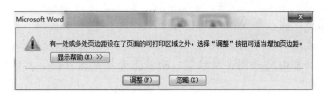

图 3.2.3　调整页边距提醒

（2）插入图片，设置版式。

1）单击"插入"选项卡→"插图"组→"图片"命令，找到图片所在位置，插入图片。在图片上右击，在弹出的快捷菜单中选择"大小和位置"选项，弹出"布局"对话框，将"锁定纵横比""相对原始图片大小"前面复选框中的勾去掉，设置高度和宽度的绝对值分别为 5.4 厘米和 9 厘米，如图 3.2.4 所示。

图 3.2.4　设置图片大小

2）切换到"文字环绕"选项卡，设置环绕方式为"上下型"，单击"确定"，如图 3.2.5 所示。

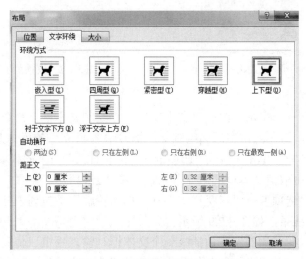

图 3.2.5　设置图片的环绕方式

提示：默认情况下，插入到 Word 2010 文档中的图片作为字符插入到文档中，文字环绕方式为嵌入型，其位置随着其他字符的改变而改变，用户不能自由移动图片。而通过为图片设置文字环绕方式，则可以自由移动图片的位置，除以上介绍的方法外，其他操作方法详见本节知识拓展内容。

（3）插入艺术字。

单击"插入"→"文本"→"艺术字"下拉列表，选择"渐变填充-橙色，强调文字颜色6，内部阴影"样式，如图 3.2.6 所示，根据提示，输入姓名"米多多"，调整字体为黑体、一号、加粗。选中艺术字对象，在"绘图工具"→"格式"→"艺术字样式"组中，单击"文本效果"→"阴影"→"透视"→"靠下"命令，如图 3.2.7 所示，再选中艺术字对象，将艺术字移动到合适位置。

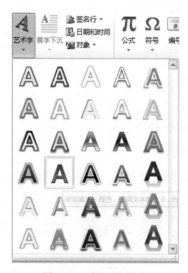

图 3.2.6 插入艺术字

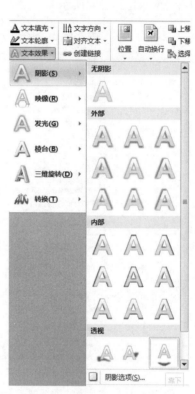

图 3.2.7 设置艺术字文本效果

（4）插入文本框。

1）单击"插入"→"文本"组→"文本框"→"绘制文本框"命令，将鼠标移到名片范围内，出现十字光标，再在艺术字后面绘制文本框并输入职位"|技术总监"，设置为宋体、五号、加粗。选中此文本框，单击"格式"选项卡→"形状样式"→"形状填充"下拉列表→"无填充颜色"命令，即可取消文本框的填充背景，如图 3.2.8 所示。

2）单击"格式"选项卡→"形状样式"→"形状轮廓"下拉列表→"无轮廓"命令，即可取消文本框的轮廓线条，如图 3.2.9 所示。

3）同样的方法，在名片的右下角插入一个文本框，输入手机、传真、邮箱、公司地址等信息。选中文字，启动"字体"对话框，将中文字体设为"宋体"，西文字体设为"Times New

Roman"，加粗，五号，如图 3.2.10 所示。

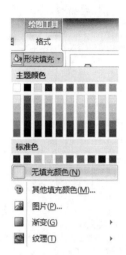

图 3.2.8　设置文本框的形状填充图

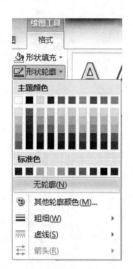

3.2.9　设置文本框的形状轮廓

图 3.2.10　设置中西文字体

（5）将艺术字、所有文本框对象的文字环绕方式设置为"浮于文字上方"。

（6）选定图片，再按下"Shift"键，选中插入的艺术字和文本框对象，单击"格式"→"排列"→"组合"，将所有对象组合在一起。

提示：对象的文字环绕方式若为"嵌入型"，则不能执行组合命令。

（7）保存文件。

2．制作多张对齐分布的相同名片

为了节省纸张，我们可以在一页纸内放置多张名片。

（1）单击"邮件"→"创建"→"标签"命令，在弹出的"信封和标签"对话框中选择"全页为相同标签"选项，如图 3.2.11 所示。

（2）单击"选项"按钮，弹出"标签选项"对话框，在"标签供应商"下拉列表框中选择 Avery A4/A5 选项，在"产品编号"列表框中选择"L7417"选项，如图 3.2.12 所示。单击"确定"按钮，返回到"信封和标签"对话框。

（3）在"信封和标签"对话框中单击"新建文档"按钮，出现一个新的 Word 文档，并在文档中出现了 10 个相同大小的框，按"Ctrl+A"选定整个表格，启动"段落"对话框，将左右缩进分别设为 0。

（4）将光标放置在第 1 个标签内，单击"插入"→"文本"→"对象"命令，弹出"对象"对话框，选择"由文件创建"选项卡，单击"浏览"按钮，选择刚刚制作好的"单张名片.docx"，如图 3.2.13 所示。单击"确定"按钮，将该名片文件作为一个对象插入第 1 个标签中。

图 3.2.11 "信封和标签"对话框

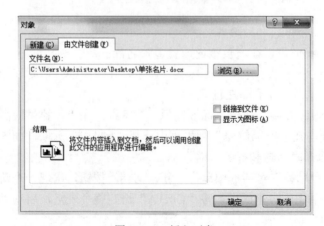

图 3.2.12 设置标签选项

图 3.2.13 插入对象

（5）选择刚插入的名片对象，按 Ctrl+C 组合键复制，再依次粘贴到其余 9 个标签中，保存该文档为"多张名片.docx"，效果如图 3.2.14 所示。

图 3.2.14　多张名片效果

提示：要制作多张相同的名片，也可以将单张名片复制后进行多次粘贴，从而得到多张名片。但一定要全选名片中的内容，粘贴时要选择"保留源格式"选项。

【知识拓展】

（1）用户可利用 Word 2010 "插入"选项中的相关命令，在文档中插入各种图形对象，如：来自于本机上的图片、剪贴画、各种形状、SmartArt 图形、图表、屏幕截图以及艺术字等对象，以丰富文档内容和排版，使文档呈现更加精彩。

（2）选定了插入的图形或图片对象后，Word 的功能区将自动出现如"图片工具"→"格式"选项卡等，如图 3.2.15 所示。利用该选项卡中的命令可以对插入的对象进行各种编辑和美化操作。

（3）在 Word 2010 中，对图形、图片和文本框等对象进行编辑和美化的操作方法基本相同。

（4）设置图片等图形对象的环绕方式。

图 3.2.15　图片格式设置

1）在 Word 2010 文档窗口中选中需要设置文字环绕的图片，在打开的"图片工具"功能区的"格式"选项卡中，单击"排列"组中的"位置"按钮，可在打开的预设位置列表中选择合适的文字环绕方式。这些文字环绕方式包括"顶端居左，四周型文字环绕""顶端居中，四周型文字环绕""顶端居右，四周型文字环绕""中间居左，四周型文字环绕""中间居中，周型文字环绕""中间居右，四周型文字环绕""底端居左，四周型文字环绕""底端居中，四周型文字环绕""底端居右，四周型文字环绕"九种方式，如图 3.2.16 所示。

2）如果用户希望在 Word 2010 文档中设置更丰富的文字环绕方式，可以在"排列"分组中单击"自动换行"按钮，在打开的菜单中选择合适的文字环绕方式，如图 3.2.17 所示。

图 3.2.16　设置文字环绕位置

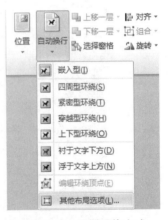

图 3.2.17　设置环绕方式

3）Word 2010"自动换行"菜单中每种文字环绕方式的含义如下所述：

● 四周型环绕：不管图片是否为矩形图片，文字以矩形方式环绕在图片四周。

● 紧密型环绕：如果图片是矩形，则文字以矩形方式环绕在图片周围，如果图片是不规则图形，则文字将紧密环绕在图片四周。

● 穿越型环绕：文字可以穿越不规则图片的空白区域环绕图片。

● 上下型环绕：文字环绕在图片上方和下方。

● 衬于文字下方：图片在下、文字在上分为两层，文字将覆盖图片。

● 浮于文字上方：图片在上、文字在下分为两层，图片将覆盖文字。

● 编辑环绕顶点：用户可以编辑文字环绕区域的顶点，实现更个性化的环绕效果。

【拓展案例】

小琼同学毕业后在某杂志社工作，她负责的"健康之路"栏目本期介绍"海滨的空气"，她为了吸引大家的眼球，设计了图文并茂的版式，效果如图 3.2.18 所示。

图 3.2.18　文档效果图

具体要求：

（1）设置页边距上下各 4.5 厘米，左右各 4 厘米，页眉和页脚距边界均为 2 厘米。为文档插入"拼板型（偶数页）"页眉和页脚，录入页眉标题为"健康之路"，页脚处插入页码"第 1 页"，字体均为华文彩云、小三、深红色、加粗。

（2）为页面添加 18 磅、浅绿色、艺术型的页面边框，设置边框与页边的距离上下左右均为 30 磅，为页面添加天蓝色（RGB：102，255，255）由深到浅的斜上渐变背景。

（3）将标题设置为艺术字样式"填充-蓝色，强调文字颜色 1，塑料棱台，映像"；字体为华文行楷、初号，居中，环绕方式为嵌入型，为其添加"转换"中"停止"弯曲的文本效果。

（4）为正文第 2 段添加"蓝色，强调文字颜色 1，淡色 60%"底纹，正文部分所有文本的字体均为华文细黑、小四，段落间距为段后 1 行，行距为固定值 25 磅。

（5）为正文最后一段设置段前间距 2 行。将字符"海滨空气"设置为中文版式中带括号的"双行合一"格式，字体为华文琥珀、三号、紫色。

（6）按样图，插入图片文件"海滨.jpg"，设置图片高度为 5 厘米、宽度为 6 厘米，环绕方式为四周型，为图片添加"映像圆角矩形"的图片样式。

（7）将第三段文本分两栏，添加圆角矩形蓝色边框。

（8）按样图，插入剪贴画"环境"，环绕方式为四周型。

操作步骤：

（1）打开素材文档，按要求分别设置页边距、页眉页脚边距。插入"拼板型（偶数页）"页眉，键入标题文字"健康之路"，删除页码；插入"拼板型（偶数页）"页脚，输入文字"第1页"；将页眉处标题文字的字体设为华文彩云、小三、深红色、加粗，点击"格式刷"，刷过文字"第1页"。

（2）设置页面属性。

1）单击"页面布局"→"页面背景"→"页面边框"，弹出"边框和底纹"对话框，在艺术型列表中选择图片中的样式，宽度设为18磅、浅绿色，如图3.2.19所示。

图3.2.19　设置艺术型边框

2）再点击"选项"，弹出"边框和底纹选项"对话框，在"测量基准"处选择"页边"，上下左右边距均设为30磅，如图3.2.20所示。

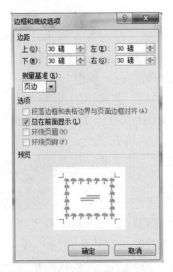

图3.2.20　设置边框的边距

3）单击"页面布局"→"页面背景"→"页面颜色"→"填充效果"，弹出对话框，打开"渐变"选项卡，点选"颜色"区域的"单色"单选按钮，在"颜色 1"下拉列表中执行"其他颜色"命令，打开"颜色"对话框，在"自定义"选项卡下输入 RGB 值（102，255，255），单击"确定"按钮，返回至"填充效果"对话框，调整深浅度至"浅"，在"底纹样式"区域点选"斜上"单选按钮，在"变形"区域选择第 1 种效果，单击"确定"按钮，如图 3.2.21 所示。

图 3.2.21　设置背景渐变颜色

（3）选中文档的标题，单击"插入"→"文本"→"艺术字"，在弹出的库中选择"填充-蓝色，强调文字颜色 1，塑料棱台，映像"；选中新插入的艺术字，将字体设为华文行楷、初号，居中，环绕方式为嵌入型。在"艺术字样式"组中单击"文本效果"按钮，在弹出的下拉列表中选择"转换"中"弯曲"→"停止"效果，如图 3.2.22 所示。

（4）选中正文第 2 段文本，单击"段落"组中的"底纹"按钮 ，选择"蓝色，强调文字颜色 1，淡色 60%"主题颜色。选中正文部分所有文本，将字体设为华文细黑、小四，段落间距设为段后 1 行，行距为固定值 25 磅。

（5）选中正文最后一段文本，设置段前间距 2 行。选中字符"海滨空气"，单击"段落"组中的"中文版式"按钮 ，执行"双行合一"命令，勾选"带括号"复选框，选择括号样式为"[]"，单击"确定"。选中双行合一的文本，将字体设为华文琥珀、三号、紫色，如图 3.2.23 所示。

（6）将光标定位在样文所示位置，单击"插入"→"插图"→"图片"，打开"插入图片"对话框，选择图片文件"海滨.jpg"，单击"插入"按钮。选中图片，在"格式"选项卡→"大小"组中，设置图片高度为 5 厘米、宽度为 6 厘米；再在"排列"组→"自动换行"，在下拉列表中选择"四周型环绕"；在"图片样式"组中单击"图片样式"右侧的"其他"按钮 ，在打开的列表框中选择"映像圆角矩形"，如图 3.2.24 所示。利用鼠标拖动图片，将其移至样文所示位置。

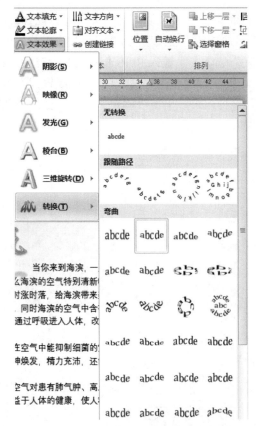

图 3.2.22 设置艺术字的文本效果

图 3.2.23 设置双行合一效果

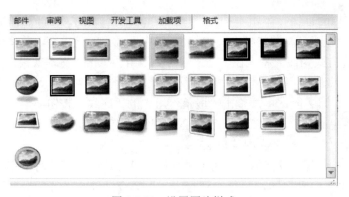

图 3.2.24 设置图片样式

（7）选中第三段文本，单击"页面布局"→"页面设置"→"分栏"，在下拉列表中选择"两栏"。单击"插入"→"形状"→"圆角矩形"，在第三段文本上绘制如样文所示的矩形，选中此对象，单击"格式"→"形状样式"→"形状填充"，选择"无填充颜色"，将"形状轮廓"选择蓝色。

（8）将光标定位在样文所示位置，单击"插入"→"插图"→"剪贴画"，搜索文字"环境"，点击所需图片，并设置其环绕方式为四周型。

（9）保存文档。

【拓展训练】

按要求完成以下文档的格式编排，效果如图 3.2.25 所示。

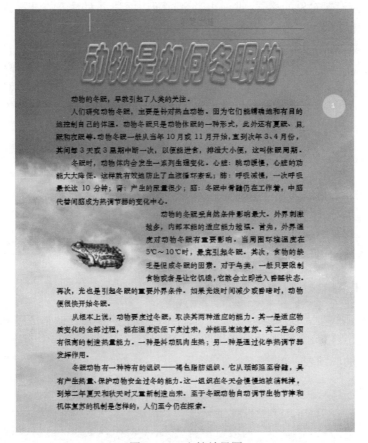

图 3.2.25　文档效果图

具体要求：

（1）打开素材文档"动物是如何冬眠的.docx"，设置上下左右页边距均为 3.5 厘米，页眉距顶端距离为 3 厘米。为文档插入"边线型"页眉，录入页眉标题为"冬眠之谜"，字体为方正姚体、四号、黑色；在右侧页边距插入"圆（右侧）"型页码，页码数居中对齐。

（2）将图片"bsbg.jpg"设置为页面的背景。

（3）将标题设置为艺术字样式"填充-橙色，强调文字颜色 2，暖色粗糙棱台"；字体为华文彩云、40 磅、加粗、倾斜；顶端居中，四周型文字环绕方式；并为其添加"转换"中"正方形"弯曲的文本效果。

（4）将正文部分所有段落首行缩进 2 字符，字体均为华文中宋、小四，行距为固定值 20 磅。

（5）在样文所示位置插入图片文件"青蛙.jpg"，设置图片的缩放比例为 60%，环绕方式为四周型环绕；为图片自动删除背景，并添加"绿色，11pt 发光，强调文字颜色 6"发光的图片效果。

（6）以原文件名保存。

【案例小结】

通过以上案例的学习，读者学会了在 Word 文档中插入图片、形状、艺术字、文本框等对象的操作以及如何设置对象的格式，进一步学会页面边框和页面颜色的设置、页眉页脚的运用，以达到修饰、美化文档。

文字和图片是 Word 文档中的两大构成要素，排列组合的好坏直接影响着版面的视觉传达效果。因此排版设计时一定要注意整体性、协调性、艺术性、装饰性以及独创性。

案例 3　制作班级学生成绩表

【学习目标】

（1）掌握文档表格的创建、编辑等基本操作。
（2）学会运用公式与函数进行计算。
（3）学会表格内容的排序。
（4）学会表格的样式设置。

【案例分析】

期末考试结束后，辅导员要求各班班干部将本班学生的各科目期末成绩利用 Word 文档表格汇总展示，并计算出每个同学的总成绩和每门课程的平均成绩。其中网络 1801 班同学制作了如图 3.3.1 所示的成绩表。

网络 1801 班学生期末成绩表

课程 \\ 姓名	办公软件应用	网络技术基础	Photoshop 图像处理	人文素养	大学英语	总成绩
张明明	95	80	86	82	70	413
李清华	78	84	88	70	65	385
王小红	80	65	75	68	80	368
徐美美	98	92	95	88	95	468
马　鹏	87	75	80	60	68	370
刘　玉	70	76	65	62	80	353
平均成绩	84.7	78.7	81.5	71.7	76.3	392.8

图 3.3.1　成绩表效果图

【解决方案】

1. 新建并保存文档
2. 输入表格标题

在文档开始位置输入表格标题文字"网络 1801 班学生期末成绩表"，将文字格式设置为黑体、四号、居中。

提示：若先插入了表格，表格上方没有空行输入标题时，可以将光标定位在表格第一行第一个单元格中的第一个字符位置，按回车键，则会在表格上方出现空行，输入标题。

3. 创建表格

（1）单击"插入"→"表格"按钮，打开如图 3.3.2 所示的"表格"下拉菜单，选择"插入表格"命令，打开如图 3.3.3 所示的"插入表格"对话框。

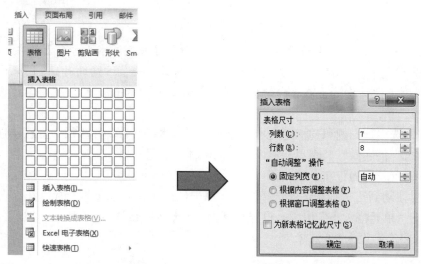

图 3.3.2　"表格"下拉菜单　　　　图 3.3.3　"插入表格"对话框

（2）输入表格列数"7"，行数为"8"，单击"确定"，即插入一个 8 行 7 列的表格。

提示：自动创建的表格会以纸张的正文部分，即左右边距之间的宽度，平均分成表格列数的宽度作为列宽，以 1 行当前文字的高度作为行高。

4. 编辑表格

（1）编辑表格内容。按图 3.3.4 所示输入表格的内容，每输完 1 个单元格中的内容，可按"Tab"键切换至下一单元格继续输入。

课程　姓名	办公软件应用	网络技术基础	Photoshop图像处理	人文素养	大学英语	总成绩
张明明	95	80	86	82	70	
李清华	78	84	88	70	65	
王小红	80	65	75	68	80	
徐美美	98	92	95	88	95	
马·鹏	87	75	80	60	68	
刘·玉	70	76	65	62	80	
平均成绩						

图 3.3.4　"成绩表"内容

（2）设置表格内文本的格式。

1）将鼠标指针移到表格上时，表格左上角将出现"⊞"符号，单击该符号可选中整张表格。

2）单击"表格工具"→"布局"→"对齐方式"组中的"水平居中"按钮▤，如图 3.3.5 所示，将表格中所有单元格的对齐方式设置为"水平居中"。

图 3.3.5　设置表格内容对齐方式

提示："段落"工具栏上的段落对齐按钮只是设置了文字在水平方向上的左、中或右对齐，而在表格中，既要考虑文字水平方向的对齐，又要考虑在垂直方向的对齐，因此这里使用了单元格中的 9 种水平方向和垂直方向结合的对齐方式之一"水平居中"，使得单元格中的内容处于单元格的正中。

3）分别选中行标题和列标题文本，将其设为黑体、五号，并添加"橙色、强调文字颜色 2，淡色 40%"的底纹，其余单元格内容设为宋体、五号。

（3）设置表格的行高。

将鼠标移动到第一行左边的选择栏中，单击鼠标，即可选定第一行，在"表格工具"→"布局"→"单元格大小"组中，设定高度为 1.5 厘米，如图 3.3.6 所示；然后再选中表格的第 2-8 行，将高度设为 0.8 厘米。

图 3.3.6　设置表格行高

提示：

①除以上设置行高方法外，也可以通过选定表格，右击，选择"表格属性"，通过对话框可以设置具体的行高、列宽等。

②如果只是需要粗略的调整表格的行高、列宽，也可以通过鼠标拖动框线来实现。即将鼠标指针指向框线，鼠标指针变为双向箭头状态时，按住鼠标左键上下或左右拖动。

③在调整的过程中，如不想影响其他列宽度的变化，可在拖曳时按住键盘上的"Shift"键；若想实现微调，可在拖曳时按住键盘上的"Alt"键。

（4）设置表格的边框样式：将表格内边框线条设置为 1 磅的黑色实线，外框线为 0.5 磅的黑色双实线，并添加斜线表头。

1）选中表格，单击"表格工具"→"设计"→"表格样式"→"边框"按钮，打开"边框和底纹"对话框。切换到"边框"选项卡，点击"自定义"图标，样式选择"实线"，宽度为"1 磅"，颜色为黑色，在右侧的"预览"框中点击内框线。再选择"双实线"的样式，宽度为"0.5 磅"，黑色，点击"预览"框中的外边框，如图 3.3.7 所示。

图 3.3.7　设置自定义边框

2）添加斜线表头：将光标置于第一个单元格中，调整"表格工具"→"设计"→"绘图边框"组中绘图笔的笔样式为单实线、笔画粗细为 1 磅，单击"表格样式"组→"边框"下拉列表→"斜下框线"命令。将"课程"设为右对齐，"姓名"设为左对齐。

5. 利用公式求出"总成绩"和"平均成绩"

（1）将光标置于"总成绩"列下面的第一个单元格中，单击"表格工具"→"布局"→"数据"组→"公式"，弹出"公式"对话框，如图 3.3.8 所示。在公式栏输入"=SUM（LEFT）"，求出第一个学生的总成绩，再将光标置于下一个学生的总成绩单元格中，按 F4 键，即可快速的求出总成绩，依此方法全部完成。

图 3.3.8　利用公式求总成绩

（2）同样的方法，利用函数"=AVERAGE（ABOVE）"，编号格式修改为"0.0"（保留一位小数），求出最后一行每门课程的平均成绩。

提示：

①公式：用于输入计算单元格的函数或者公式，默认情况下会根据表格中的数据和当前单元格所在位置自动推荐一个公式，例如"=SUM（LEFT）"，是指计算当前单元格左侧单元格的数据之和。"SUM"是函数名，通过"粘贴函数"粘贴到公式编辑栏。"（LEFT）"是函数的参数，常用参数有 4 种，分别是左侧（LEFT）、右侧（RIGHT）、上面（ABOVE）和下面（BELOW），此外还可以用单元格地址代替。Word 表格的单元格结构与 Excel 是类似的，行从 1 开始编号，列从 A 开始编号，所以第一个单元格地址为"A1"，这里不过多阐述。

②编号格式：是对用公式计算出的结果设定一个数据格式，例如"0.00"为保留 2 位小数。

③粘贴函数：在下拉列表中选择常用函数粘贴到公式编辑框，常用的主要有：AVERAGE（平均值）、SUM（求和）、COUNT（计数）、MAX（最大值）、MIN（最小值）。

6. 按总成绩从高到低进行排序，如图 3.3.9 所示

课程 姓名	办公软件 应用	网络技术 基础	Photoshop 图像处理	人文素养	大学英语	总成绩
徐美美	98	92	95	88	95	468
张明明	95	80	86	82	70	413
李清华	78	84	88	70	65	385
马　鹏	87	75	80	60	68	370
王小红	80	65	75	68	80	368
刘　玉	70	76	65	62	80	353
平均成绩	84.7	78.7	81.5	71.7	76.3	392.8

图 3.3.9　按总成绩由高到低排序效果图

选择第 1～7 行，单击"布局"→"数据"→"排序"，弹出"排序"对话框，如图 3.3.10 所示，在"主要关键字"栏选择"总成绩"，类型默认为"数字"，单击"降序"单选按钮，并在列表中单选"有标题行"，单击"确定"。

图 3.3.10　设置按总成绩降序

7. 保存

【知识拓展】

表格，又称为表，既是一种可视化交流模式，又是一种组织整理数据的手段。人们在通信交流、科学研究以及数据分析活动当中广泛采用着形形色色的表格。表格由若干行和若干列组成，行列的交叉称为"单元格"，单元格中可以插入文字、数字和图形等信息。表格的标题行也叫表头，通常是表格的第一行，用于对一些数据的性质进行归类。

1. 创建表格的常用方法

方法一：使用"插入表格"对话框插入表格。单击"插入"→"表格"按钮，打开"表格"下拉菜单，选择"插入表格"命令，打开"插入表格"对话框，在其中输入表格的列数和

行数。

方法二：快速插入表格。单击"插入"→"表格"按钮，打开"表格"下拉菜单，在"插入表格"区域中，用鼠标拖动选取合适数量的列数和行数，即可在指定的位置插入表格。选中的单元格将以橙色显示，并在名称区域中显示"列数*行数"表格的信息。

方法三：使用内置样式插入表格。单击"插入"→"表格"按钮，打开"表格"下拉菜单，选择"快速表格"命令，打开级联菜单，可以从中选择一种内置样式的表格。

方法四：绘制表格。单击"插入"→"表格"按钮，打开"表格"下拉菜单，选择"绘制表格"命令，此时鼠标指针变成铅笔形状，按住鼠标左键不放在 Word 文档中绘制出表格边框，然后在适当的位置绘制行和列。绘制完毕后，按下键盘上的"Esc"键，或者单击"表格工具"→"设计"→"绘图边框"→"绘制表格"按钮，结束表格绘制状态。

对于初学者，推荐使用前两种比较标准的创建方法。

2．表格和单元格的基本编辑操作

表格和单元格的编辑可通过功能组中的命令或右键快捷菜单进行设置。

（1）合并单元格：选中需合并的连续单元格，右击，在弹出的快捷菜单中选择"合并单元格"，或者单击"布局"选项卡→"合并"组→"合并单元格"，则将选中的多个单元格合并成一个单元格。

（2）拆分单元格：将光标置于需拆分的单元格内，单击"布局"选项卡→"合并"组→"拆分单元格"，输入行和列的值，则将一个单元格拆分成了多个单元格。

（3）插入行或列：通过单击"布局"选项卡→"行和列"组，可实现在表格的光标位置的上方或下方插入行，左侧或右侧插入列。

（4）删除行、列、单元格和表格：可通过单击"布局"选项卡→"行和列"组→"删除"下拉列表，选择需删除的目标。

3．快速美化表格

选择整个表格，单击"表格工具"→"设计"→"表格样式"组，选择表格样式库中的某种样式，并可设置相关的表格样式选项。

4．绘制斜线表头

在日常使用 Word 制作表格时，经常需要绘制斜线表头。

（1）两栏斜线表头可以通过设置单元格边框线、绘制表格和添加直线形状等方法绘制。

（2）若单元格内需要录入 3 栏内容时，使用上述方法就没办法完成了，需利用"直线"和"文本框"的图形化排版方式完成绘制。先绘制两根斜线，再插入文本框，录入表头内容后调整文本框的大小，并把文本框的形状填充和形状轮廓去掉，最后移动到适当位置完成 3 栏内容的斜线表头绘制。

5．表格标题行跨页显示设置

当制作的表格行数很多时，表格会跨页显示，跨页后表格的标题只会在第一页显示，这不太利于查看表格，常常得回到第一页查看该列数据的说明。在 Word 中可以用标题跨页显示解决此问题。

操作：选中表格的标题行（一般是表格的第一行），单击"表格工具"→"布局"→"数据"组→"重复标题行"。

【拓展案例】

毕业班的同学要找工作了，为了能顺利地找到一份称心如意的工作，小李设计了一份简明扼要的个人简历表，效果如图 3.3.11 所示。

个人简历表

个人信息	姓名		性别		出生年月		
	民族		婚否		政治面貌		
	籍贯		学历		现所在地		
	联系电话		电子邮箱				
	求职意向						
教育经历	起止时间			院校		专业	
	主修课程：						
校园工作经历							
能力情况	个人荣誉						
	兴趣特长						
	专业技能水平						
	外语水平						
自我评价							
附件							

图 3.3.11 个人简历表效果图

操作提示：

（1）在 Word 中，经常会用到表格进行排版。在表格单元格内可以输入文字，插入图片等元素，甚至可以嵌套表格。

（2）不规则的表格制作，可以通过绘制表格来实现，往往也可以先插入一个规则的表格，再反复通过运用合并单元格、拆分单元格、调整行高和列宽等操作达到预想效果。

【拓展训练】

打开素材文件"第三季度预算执行情况表.docx"，按要求完成操作，文档效果如图 3.3.12 所示。

具体要求：

（1）将表格标题文字移至表格上方，并删除空行。

（2）以"九月份"为主要关键字、"八月份"为次要关键字，对表格中的内容进行降序排序。

（3）为表格自动套用"中等深浅底纹 2-强调文字颜色 5"的表格样式。

某部门第三季度预算执行情况表			
项目	七月份	八月份	九月份
教材款	1200	2770	4568
培训费	3545	2566	4568
开站费	1222	1440	2700
考务费	2333	1300	1541
办公耗材	3640	1833	1500
管理费	1110	1500	1450
劳保用品	1350	1860	1245

图 3.3.12　文档效果图

【案例小结】

通过以上案例的学习，读者掌握了创建表格、绘制斜线表头、合并和拆分单元格、调整行高和列宽、设置表格边框、套用表格样式以及利用公式或函数进行数据计算的方法。以后可结合实际需要，设计出更具特色的表格。

案例 4　批量制作期末通知单

【学习目标】

（1）理解邮件合并的功能。

（2）熟悉邮件合并的应用场合及具体的操作步骤。

（3）掌握邮件合并中合并域、Word 域的使用。

（4）能够运用邮件合并功能批量制作成绩通知单等。

【案例分析】

期末考试后，辅导员吴老师收到了 8 个网络班的成绩统计表，现要给每个班每位同学寄发一份期末通知单，吴老师在 Word 中设计了如图 3.4.1 所示的通知单的主文档，想通过邮件合并的方式，将同学们的成绩导入到 Word 中，并打印出来，寄给各位同学家长。

【知识准备】

1. 邮件合并

"邮件合并"这个名称最初是在批量处理"邮件文档"时提出的。具体地说就是在邮件文档（主文档）的固定内容中，合并与发送信息相关的一组通信资料（数据源，如 Excel 表、Access 数据表等），从而批量生成需要的邮件文档，因此大大提高了工作的效率，"邮件合并"因此而得名。

学生期末通知单

尊敬的家长同志：

您好！

现将＿＿＿同学本学期期末考试成绩函告如下。请您督促学生利用假期加强学习，积极参加社会实践，增强社会适应能力，与学校共同培养学生成长成才。并请您提出宝贵的建议及意见，由学生返校时交给辅导员。

课程名称	成绩	课程名称	成绩
公共英语		心理健康教育	
办公软件应用		思政课	
Photoshop 网页效果图设计		体育	
网络技术基础		入学教育与军训	
人文素养与应用		操行	

根据学校安排，本学期于 2019 年 7 月 1 日正式放暑假，下学期于 2019 年 9 月 1 日开学。请督促学生按时返校。

祝您身体健康，万事如意！

辅导员＿＿＿＿＿

2019 年 6 月 28 日

图 3.4.1　通知单主文档

2．邮件合并的应用

最常用的需要批量处理的信函、证书、证件、邀请函等文档，通常都具备两个规律：一是需要制作的数量比较大；二是这些文档的内容分为固定不变的内容和变化的内容。比如信封上的寄信人地址和邮政编码、信函中的落款等，这些都是固定不变的内容；而收信人的地址、邮编等就属于变化的内容。其中，变化的部分由数据表中含有标题行的数据记录表示。

要制作大批量的信函等文档，如果使用传统的方法，不管是先打印模板再手写填入个人信息，还是电脑复制粘贴录入个人信息再统一打印，这些方法都太繁琐，而且很容易出错。Word 中的"邮件合并"功能为批量制作文档提供了完美的解决方案，可以将多种保存类型的数据源整合到 Word 文档中，用高效的方法轻松创建出批量目标文档。

3．邮件合并基本步骤

邮件合并是将文件和数据库进行合并，主要在两个电子文档之间进行，一个是主文档，一个是数据源。

（1）建立主文档。主文档就是固定不变的主体内容，比如信函中的落款、对每个收信人都不变的内容等。

（2）准备好数据源。数据源就是含有标题行的数据记录表，其中包含着相关的字段和记录内容。数据源表格可以是 Word、Excel、Access 或 Outlook 中的联系人记录表，实际工作中常常使用 Excel 制作。若有现成的表可直接使用，若没有现成的则要根据主文档对数据源的要求建立。

（3）把数据源合并到主文档中。前面两步准备好后，单击"邮件"→"开始邮件合并"

→"邮件合并分步向导"命令，根据"邮件合并"向导选择数据源，插入合并域，再完成邮件合并即可。提示：在主文档的变化信息处通过插入"合并域"的特殊指令将数据源中的相应字段合并，表格中的记录行数决定主文件生成的份数。

【解决方案】

1. 建立主文档

打开已设计好的 Word 文档"学生期末通知单.docx"，即为主文档，将固定内容填写完整。

2. 将数据源合并到主文档中

（1）准备好数据源（收件人列表）。

本案例中以一个班的成绩表数据为例，学生名单和各课程成绩都保存在名为"网络 1801班成绩表.xls"的 Excel 工作表中，如图 3.4.2 所示。

图 3.4.2　成绩表部分数据

（2）合并数据（使用域）。

1）在"学生期末通知单.docx"主文档中，单击"邮件"→"开始邮件合并"下拉按钮，选择"邮件合并分步向导"命令，如图 3.4.3 所示。弹出"邮件合并"任务窗格，如图 3.4.4 所示。

图 3.4.3　邮件合并分步向导

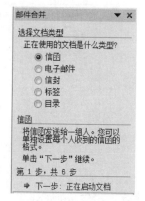

图 3.4.4　"邮件合并"任务窗格

2）在"选择文档类型"栏中选择"信函"单选项，然后单击"下一步：正在启动文档"按钮。

[信函]：将信函发送给一组人。可以单独设置每个人收到的信函的格式。

[电子邮件]：将电子邮件发送给一组人。可以单独设置每个人收到的电子邮件的格式。

[信封]：打印寄送邮件的带地址的信封。

[标签]：选择"标签"后会跳出选择框，选择需要的版式，例如分为 1/4 的版面，会将一个 Word 页面分为四个角上的域，在左上角插入需要的字段，然后"更新标签"会将四个角上的信息都变成一样，最后再选择编辑单个文档中的"全部"即可将所有信息按照 1/4 的版面显示。

[目录]：将所有信息显示在一页上，而不是一条记录一页。

（3）在"选择开始文档"栏中选择"使用当前文档"单选项，如图 3.4.5 所示，然后单击"下一步：选取收件人"按钮。

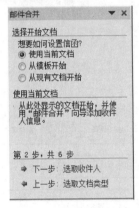

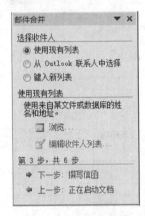

图 3.4.5　选择开始文档　　　　　　　　图 3.4.6　选择收件人

（4）在"选择收件人"栏中选择"使用现有列表"单选项，单击"浏览"按钮，如图 3.4.6 所示。在弹出的"选取数据源"对话框中选择已有的"网络 1801 班成绩表.xls"文件，然后单击"打开"按钮，弹出如图 3.4.7 所示的"选择表格"对话框，其中显示了该 Excel 工作簿中包含的 3 个工作表，选择 Sheet1$，单击"确定"按钮。

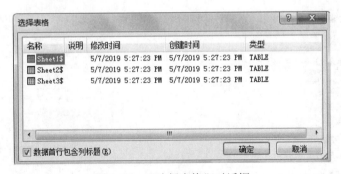

图 3.4.7　"选择表格"对话框

提示：作为导入信息的 Excel 工作表中不能有标题行，若有列标题，如姓名、性别等，要选中图中的"数据首行包含列标题"复选框。

（5）弹出"邮件合并收件人"对话框，如图 3.4.8 所示。这里列出了邮件合并的数据源中的所有数据，可以通过该对话框对数据进行修改、排序、选择和删除等操作，单击"确定"按钮，将所选的数据源与期末通知单文档建立连接。

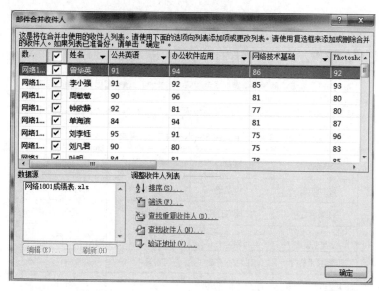

图 3.4.8　"邮件合并收件人"对话框

（6）单击"邮件合并"任务窗格下方的"下一步：撰写信函"按钮，任务窗格中显示"撰写信函"相关内容，如图 3.4.9 所示。

图 3.4.9　撰写信函

图 3.4.10　"插入合并域"对话框

（7）插入合并域。

方法一：将光标定位至"同学"前面的空格上，单击"邮件合并"任务窗格中的"其他项目"，弹出"插入合并域"对话框，如图 3.4.10 所示，选择"姓名"，点击"插入"。

方法二：将光标定位至"同学"前面的空格上，单击"邮件"选项卡→"编写和插入域"→"插入合并域"，如图 3.4.11 所示，选择"姓名"。

图 3.4.11 "插入合并域"命令

（8）利用同样的操作方法，将所有的课程插入相对应的合并域，如图 3.4.12 所示。

现将《姓名》同学本学期期末考试成绩函告如下。请您督促学生利用假期加

强学习，积极参加社会实践，增强社会适应能力，与学校共同培养学生成长成才。

并请您提出宝贵的建议及意见，由学生返校时交给辅导员。

课程名称	成绩	课程名称	成绩
公共英语	《公共英语》	心理健康教育	《心理健康教育》
办公软件应用	《办公软件应用》	思政课	《思政课》
Photoshop 网页效果图设计	《Photoshop 网页效果图设计》	体育	《体育》
网络技术基础	《网络技术基础》	入学教育与军训	《入学教育与军训》
人文素养与应用	《人文素养与应用》	操行	《操行》

图 3.4.12 插入合并域后的效果图

提示：将合并域插入主文档时，域名称总是由尖括号"《》"括住，这些尖括号不会显示在合并文档中。它们只是帮助将主文档中的域与普通文本区分开来。

3. 预览结果，完成合并

（1）单击"邮件"选项卡→"预览结果"，此时将显示合并后的第一位收件人的文档效果，如图 3.4.13 所示。可以通过单击"预览结果"功能组中的左右箭头或者单击"邮件合并"任务窗格中"预览信函"的左右箭头切换浏览不同收件人的信函。再次点击"预览结果"命令按钮，回到编辑状态。

现将 曾华英 同学本学期期末考试成绩函告如下。请您督促学生利用假期

加强学习，积极参加社会实践，增强社会适应能力，与学校共同培养学生成长成

才。并请您提出宝贵的建议及意见，由学生返校时交给辅导员。

课程名称	成绩	课程名称	成绩
公共英语	91	心理健康教育	93
办公软件应用	94	思政课	94
Photoshop 网页效果图设计	92	体育	85
网络技术基础	86	入学教育与军训	82
人文素养与应用	92	操行	94

图 3.4.13 第一位收件人的效果图（部分）

（2）单击"邮件"选项卡→"完成"→"完成并合并"→"编辑单个文档"命令，弹出"合并到新文档"对话框，如图 3.4.14 所示。选择"全部"单选项，单击"确定"按钮后将会创建一个新的文档，该文档包含多份自动生成的期末通知单，每一份通知单对应 Excel 工作表中的一条记录。

图 3.4.14　"合并到新文档"对话框

（3）保存该文档，文件名为"网络 1801 班学生期末通知单.docx"。

4. 打印文档

【知识拓展】

编辑好一篇文档后就可以将其打印出来了。Word 2010 提供了强大的打印功能，可以按照用户的要求将文档打印出来。

1. 打印预览

在进行打印之前，一般都需要先预览一下打印的效果，查找出打印时的某些不足之处，以免造成纸张的浪费，则可以点击"打印预览"按钮，或者单击"文件"菜单下的"打印"选项，在 Word 页面右边显示"打印预览"效果。

2. 文档的打印

如果对预览的文档效果感到满意，就可以对其进行正式打印了。单击"文件"菜单下的"打印"选项，弹出如图 3.4.15 所示的打印选项列表。

图 3.4.15　打印预览窗口

（1）打印机属性：可以查看打印机的状态并设置打印机的属性。

（2）打印所有页：指定文档要打印的页数。选中"打印所有页"单选按钮表示打印整个文档，选中"打印当前页面"表示打印插入点所在页，选中"打印所选内容"表示打印文档中选定的文本，在"打印自定义范围"文本框中可输入需要打印的具体页码。"仅打印奇数页"和"仅打印偶数页"可以用来设置双面打印。

（3）单击"纵向""A4""正常边距"和"每版打印一页"按钮可以设置相关打印信息。

（4）最后单击"确定"按钮即可完成打印选项的设置。

3．手动设置双面打印

某些打印机提供了自动在一张纸的两面上打印的选项，即自动双面打印。有一些打印机提供了相应的说明，解释如何手动重新放入纸张，以便在另一面上打印，即手动双面打印。还有一些打印机不支持双面打印。

要手动设置双面打印，有两种方法：

（1）在"打印"对话框中的设置栏，点击"单面打印"后面的▼，在下拉列表中选择"手动双面打印"，Word将打印出现在纸张一面上的所有页面，然后提示用户将纸张翻过来，再重新装入打印机中，打印另一面上的内容。

（2）分别打印奇数页和偶数页。在"打印"对话框中的设置栏，点击"打印所有页"后面的▼，在下拉列表中选择"仅打印奇数页"→"确定"，打印完后，将纸翻过来，再装入打印机中，再选择"仅打印偶数页"→"确定"。

【拓展案例】

长沙某公司将于 2019 年 12 月 10 日下午 14:00 在湖南省长沙市五一宾馆举行 028 项目的新闻发布会，需要制作一些邀请函发送给相关人员，邀请他们来参加。邀请函的主体内容一般由标题、称谓、正文、落款组成。制作完成后的邀请函效果如图 3.4.16 所示。

图 3.4.16　邀请函效果图

【解决方案】

（1）打开主文档"邀请函（原文）.docx"。

（2）点击"邮件"选项卡→"开始邮件合并"组→"开始邮件合并"下拉按钮→"信函"，如图 3.4.17 所示。

（3）点击"邮件"选项卡→"开始邮件合并"组→"选择收件人"下拉按钮→"使用现有列表"，如图 3.4.18 所示。选取数据源"邀请名单.xlsx"文件，单击"打开"按钮，选择 Sheet1$，单击"确定"按钮。

图 3.4.17　开始邮件合并　　　　　图 3.4.18　选择收件人

（4）将光标定位至主文档的"尊敬的"文本和冒号"："之间，单击"邮件"选项卡→"编写和插入域"→"插入合并域"→"姓名"命令，如图 3.4.19 所示。

图 3.4.19　插入合并域

（5）将光标定位在"《姓名》"后面，单击"邮件"选项卡→"编写和插入域"→"规则"→"如果…那么…否则"命令，弹出"插入 Word 域:IF"对话框，设置插入规则，如图 3.4.20 所示，单击"确定"按钮。

（6）选中刚刚插入的域，将字体格式设置与正文文本一致。

（7）在落款日期处，插入 Word 域，使其在完成合并时能输入默认填充日期，只询问一次。

将光标定位在落款日期处，单击"邮件"选项卡→"编写和插入域"→"规则"→"填充"命令，弹出"插入 Word 域:Fill-in"对话框，在"提示"下方的文本框中输入"请输入落款时间"，在"默认填充文字"下方的文本框中输入"年月日"，勾选"询问一次"复选框，如图 3.4.21 所示，单击"确定"。在弹出的对话框中输入时间。

图 3.4.20　"插入 Word 域:IF"对话框

提示：选择"询问一次"很重要，否则在合并之后，如果有多页数据，则需要多次输入时间，所以如果输入的内容都相同就选择"询问一次"，减少文字的输入。

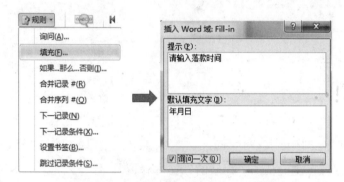

图 3.4.21　"插入 Word 域:Fill-in"对话框

（8）完成合并，以"邀请函.docx"为文件名保存。

【拓展训练】

某通信公司现需发缴费通知给客户，设计了"缴费通知（原文）.docx"文档，请依据"欠费信息表.xlsx"中的数据，利用邮件合并制作出"缴费通知单.docx"。效果如图 3.4.22 所示。

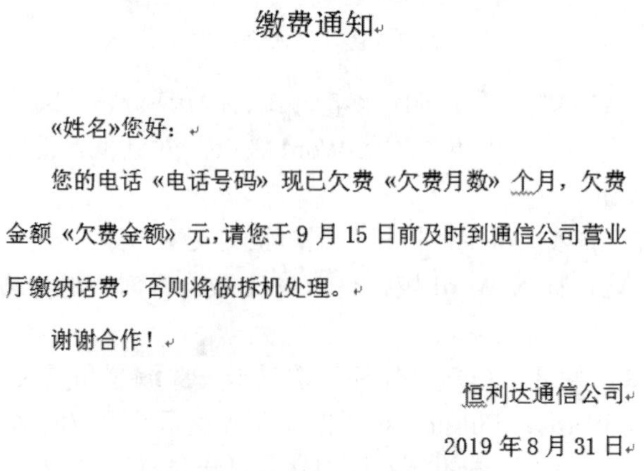

缴费通知

《姓名》您好：

您的电话《电话号码》现已欠费《欠费月数》个月，欠费

金额《欠费金额》元，请您于 9 月 15 日前及时到通信公司营业

厅缴纳话费，否则将做拆机处理。

谢谢合作！

恒利达通信公司

2019 年 8 月 31 日

图 3.4.22　缴费通知单效果图

具体要求如下：

（1）页面设置：A5 纸，横向，页边距上、下各 2 厘米，左、右各 2.54 厘米。

（2）在文档结尾处插入合适的 Word 域，使其在完成合并时能输入所需日期，设置该域所用到的提示文字为"请输入日期！"，默认填充文字为"年月日"，默认时间为"2019 年 8 月 31 日"。

（3）依据"欠费金额"递减的顺序对记录进行排序，然后将"欠费金额"在 400 以上的记录进行合并。

【案例小结】

邮件合并是 Word 的一项高级功能，是 Word 中最为实用、节约时间的功能之一，也是办公人员应该掌握的基本技术之一。邮件合并操作实际上是在"主文档"和"数据源"这两个文档之间进行的，创建好"主文档"，打开"数据源"，在"主文档"中适当的位置插入合并域，最后完成合并即可。利用邮件合并还可以批量处理工资条、奖状和工作证等各种文件。

案例 5　编辑排版毕业论文

【学习目标】

（1）掌握样式的应用。

（2）掌握图、表自动编号。

（3）掌握分节符的应用。

（4）掌握目录的插入方法。

（5）掌握插入封面的方法。

（6）能够综合运用 Word 对论文进行编辑排版。

【案例分析】

某高职院校大三毕业班学生，毕业设计说明书已撰写完毕，现需按照学校的毕业论文格式规范对论文进行排版，效果如图 3.5.1 所示。

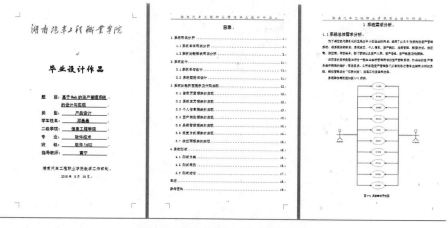

图 3.5.1　毕业设计说明书效果图

论文格式要求如下：

（1）毕业设计说明书版面为 A4（21×29.7 厘米）标准白纸，页边距上下均为 2 厘米，左为 3 厘米，右为 2 厘米。

（2）主体部分、一级目录均需另起页。

（3）正文文字格式为小四、宋体，首行缩进 2 字符，行距为 24 磅。一级、二级标题文字格式都为三号、黑体、行距为 24 磅，一级标题居中，段前、段后各 1 行，设为 1 级大纲；二级标题左对齐，段前 1 行，设为 2 级大纲。

（4）图、表标题文字为五号，宋体，标题居中，行距为 24 磅。表格中内容为五号，宋体，左对齐，行距为 18 磅。

（5）页眉设置：页眉文字为"湖南汽车工程职业学院毕业设计作品"，楷体、四号，字符间距加宽 5 磅，封面无页眉。

（6）页码设置：正文开始按阿拉伯数字连续编排，页码置于页底边，居中，宋体，5 号；目录、封面部分单独编排无须页码。

（7）自动生成目录：内容包含正文一、二级标题、总结、参考资料标题，四号，宋体，要求页码正确无误并对齐，尽量控制在 1 页，需要时可调整行距。

【解决方案】

（1）打开"学生毕业设计作品（原文）.docx"文档，启动"页面设置"对话框，设置页面的纸张为 A4，页边距上下均设置为 2 厘米，左为 3 厘米，右为 2 厘米。切换到"版式"选项卡，选中"页眉和页脚"→"首页不同"。

（2）本文档共分为 8 个部分，需要插入 7 个分节符，封面为第一节，目录为第二节，正文 4 个部分，各占一节，总结为第 7 节，参考资料为第 8 节。

1）为了在插入分节符的时候能明确位置和看到提示文字，先设置标记高亮显示，单击"开始"→"段落"组→"显示/隐藏编辑标记"按钮 ❧。

2）将光标定位在要开始分节的"目录"文字前，单击"页面布局"→"分隔符"，在下拉列表中选择"分节符"→"下一页"，如图 3.5.2 所示。

图 3.5.2　插入分节符

3）在封面页尾将出现如图 3.5.3 所示的分节符，表示分节符插入成功，而目录页则到了下一页。

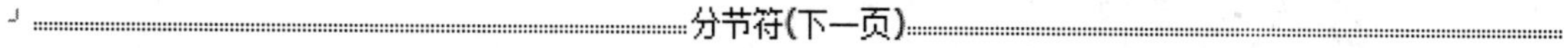

·························分节符(下一页)·························

图 3.5.3　分节符标记

4）再切换到正文开始处，重复插入分节符操作，为每个部分都插入分节符，如果插入分隔符导致下一页多出一个无用的空行，选择该行删除即可。

提示：节是一段连续的文档块，同节的页面拥有同样的边距、纸型或方向、打印机纸张来源、页面边框、垂直对齐方式、页眉页脚、分栏、页码编排、行号等。如果没有插入分节符，Word 文档默认一个文档只有一节，所有页面都属于这个节。所以，有关页眉页脚的设置如奇偶页不同，在同一个文档中纵向版面与横向版面混排的情况一般都要先通过分节才能实现。

（3）正文、一级标题、二级标题、图（表）标题、表内容的样式设置。样式是指用有意义的名称保存的字符格式和段落格式的集合。

1）将光标定位在一级标题文字"1 系统需求分析"行，或者选定该文本，点击"开始"→"样式"组→"对话框启动器"，打开"样式"对话框，如图 3.5.4 所示。单击下方的第一个按钮，弹出"根据格式设置创建新样式"对话框，名称栏输入"一级标题样式"，基于"正文"，字体格式设置为黑体、三号，如图 3.5.5 所示。点击"格式"按钮→"段落"，再设置该样式的段落格式为段前、段后各为 1 行，行距为 24 磅，居中。单击"确定"返回，再单击"确定"，即可在样式列表中看到新建的这个样式。

图 3.5.4　"样式"对话框

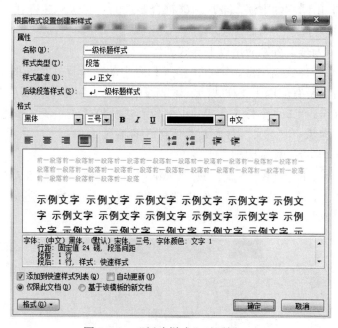

图 3.5.5　"新建样式"对话框

2）将光标定位在需要应用该样式的一级标题处，点击样式列表中的"一级标题样式"，即应用了此样式。

3）为了方便下文的样式应用，可以为"一级标题样式""二级标题样式""正文样式"等分别添加快捷键如"Ctrl+1""Ctrl+2""Ctrl+3"。添加方法：单击"格式"→"快捷键"，在打开的"自定义键盘"对话框中单击"请按新快捷键"的编辑栏，同时按下键盘的 Ctrl+1 键，在编辑栏中出现"Ctrl+1"后，单击"指定"添加，如图 3.5.6 所示。

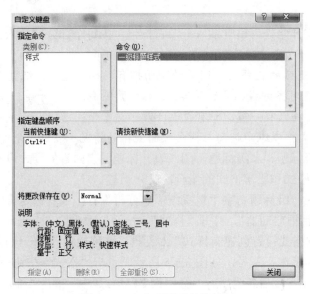

图 3.5.6　自定义样式的快捷键

4）用同样的方法，依次新建符合要求的"二级标题样式""正文样式""图表标题样式""表内容样式"。

5）为全文分别应用以上样式。

6）若样式需修改，则点击样式列表中的某个样式后面的下拉列表，点击"修改"，设置完毕后，所有应用了该样式的文本或段落自动更新而不需要重新应用样式。

提示："正文"样式是 Word 中的最基础的样式，不要轻易修改它，它一旦被改变，将会影响所有基于"正文"样式的其他样式的格式。

（4）设置标题大纲级别。

1）点击"视图"选项卡→"大纲视图"，弹出如图 3.5.7 所示的选项卡，将光标定位在一级标题上，在"大纲工具"组中选择"1 级"，将光标定位在二级标题上，在"大纲工具"组中选择"2 级"。关闭大纲视图。

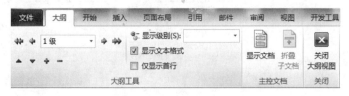

图 3.5.7　大纲选项卡

2）点击"视图"选项卡→"显示"组→"导航窗格"，将会出现如图 3.5.8 所示的文档结构图。

图 3.5.8　文档结构图

（5）设置页眉，要求封面无页眉。

双击目录页的页眉处（第二节），进入编辑状态，输入文字"湖南汽车工程职业学院毕业设计作品"，设置字体为楷体、四号，字符间距加宽 5 磅。单击"页眉和页脚工具"→"设计"→"导航"→取消"链接到前一条页眉"。切换到第一节的页眉处，将文字删除，并在样式中清除格式。则封面无页眉了。

检查其他所有页眉，如果没有出现页眉文字的，则再粘贴就可以了。

（6）设置页码，要求目录、封面部分单独编排无须页码。

1）将光标定位到正文第一页的页脚，单击"页眉和页脚工具"→"设计"→"导航"→取消"链接到前一条页眉"，正文后续页因要连续编辑页码所以不用再做这个操作。

2）单击"页眉和页脚工具"→"设计"→"页眉和页脚"→"页码"下拉列表→"页面底端"→"普通数字 2"，如图 3.5.9 所示，默认插入的页码数字为"3"。

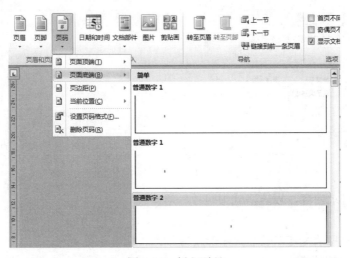

图 3.5.9　插入页码

3）选中页码，单击"页码"→"设置页码格式"，弹出"页码格式"对话框，如图3.5.10所示。在编号格式中选择阿拉伯数字1，2，3，…，起始页码设置为"1"，单击确定。再将页码数字的格式设置为宋体、五号。

图3.5.10　设置页码格式

4）将光标定位到正文的第二页的页脚，点击"页码"下拉列表→"页面底端"→"普通数字2"，该页页脚插入页码"2"，选中页码，设置字体格式为宋体、五号。

5）检查所有的页脚页码，若正文出现没有页码或者页码不连续的情况，就单击"页码"→"设置页码格式"，选择"页码编号"栏中"续前节"的单选按钮。

（7）创建文档目录。

将光标定位在文字"目录"后，单击"引用"→"目录"→"插入目录"，弹出"目录"对话框，如图3.5.11所示进行设置。单击"确定"，目录就自动生成了。

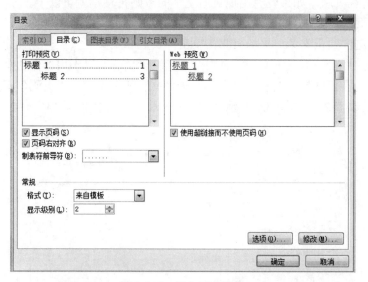

图3.5.11　插入目录设置

选定生成的目录内容，设置格式为四号，宋体。

提示：

①自动生成的目录是可以设置文字和段落格式，让目录更美观。

②目录具有更新功能，当文档中的章节改动导致页码与目录不一致时，可以在目录上右

击，在右键菜单中选择"更新域"，如果只是页码改动，选择"只更新页码"即可，如果章节内容有增减，则选择"更新整个目录"。

【拓展案例】

张老师现有一篇电子文档《鲁迅作品集》，但缺少封面和目录，他希望能够按他的要求整理成书籍样式并统计全文数字，小米同学完成的效果如图 3.5.12 所示。

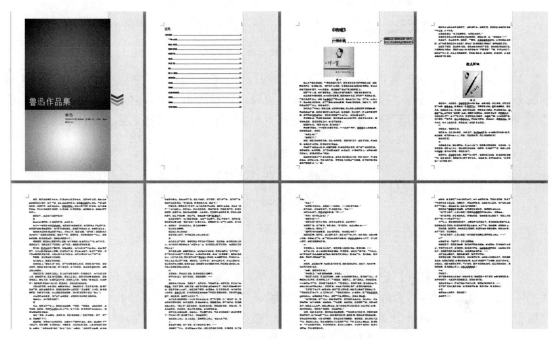

图 3.5.12　《鲁迅作品集》效果图

具体要求：

（1）插入题注：在文中每个插图的下方的图题位置，插入"图一、图二、图三"题注。

（2）插入书签：在标题"狂人日记"位置处插入书签"已阅读"，以位置作为排序依据。

（3）添加批注：为标题"一件小事"添加批注"本篇最初发表于 1919 年 12 月 1 日北京《晨报_周年纪念增刊》。"

（4）创建文档目录：在文档开头处建立"自动目录 1"样式的目录，并设置字形为加粗，行距为 1.5 倍行距。

（5）创建封面：为文档插入"对比度"型的封面，设置封面标题为"鲁迅作品集"，作者为"鲁迅"，摘要内容为"鲁迅的作品包括杂文、短篇小说、评论、散文、翻译作品。"

（6）统计全文字数。

操作步骤：

（1）插入题注。

1）选中文中的第一张图片，单击"引用"选项卡→"题注"组→"插入题注"，打开"题注"对话框，单击"新建标签"，在"标签"文本框中输入文本"图"，单击"确定"返回。再单击"编号"按钮，打开"题注编号"对话框，在"格式"下拉列表中选择"一、二、三（简）…"

选项，如图 3.5.13 所示，单击"确定"按钮返回，再单击"确定"按钮，则插入了题注"图一"。

图 3.5.13 设置题注标签和编号

2）点击 Word 界面的垂直滚动条下方的"选择浏览对象"图标"⊙"，弹出如图 3.5.14 所示的各类对象图标，选择"按图形浏览"，可以迅速找到下一张图片，为其插入题注"图二"，再点击"下一张图形"按钮，迅速找到下一张图形，并为其插入题注"图三"。

图 3.5.14 选择浏览对象

（2）插入书签。

将光标定位在"狂人日记"标题中，单击"插入"选项卡→"链接"组→"书签"，弹出"书签"对话框，在"书签名"下的文本框中输入"已阅读"文本，在"排序依据"区域点选"位置"单选按钮，单击"添加"按钮即可，如图 3.5.15 所示。

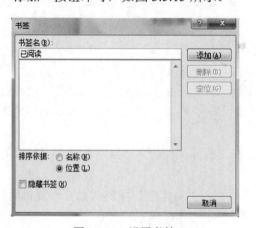

图 3.5.15 设置书签

提示：①在长文档中，往往需要添加标签来作一些标记。比如阅读之后插入一个书签，下次再阅读时通过"书签"对话框中的"定位"，就能很快的找到这个位置。②若不需要这个标签了，则可以选中书签名后，点击删除。

（3）添加批注。

选中标题"一件小事"文本，单击"审阅"选项卡→"批注"组→"新建批注"，在文本

"一件小事"的右侧出现一个批注文本框，在文本框中输入文本"本篇最初发表于 1919 年 12 月 1 日北京《晨报_周年纪念增刊》。"即可。

　　提示： ①添加批注，输入注释文字后关闭该窗口，则该文本被加上红色底纹，点击"审阅"选项卡→"修订"组→"显示标记"下拉列表→"批注"，可以隐藏。②单击"引用"→"插入脚注"/"插入尾注"也是对文本的补充说明。脚注一般位于页面的底部，可以作为文档某处内容的注释；尾注一般位于文档的末尾，列出引文的出处等。

　　（4）创建文档目录。

　　将光标定位在文档开头处，单击"引用"选项卡→"目录"→"自动目录 1"，将自动创建一个目录，选中整个目录内容，设置字形为加粗，行距为 1.5 倍。

　　（5）创建封面。

　　单击"插入"选项卡→"封面"按钮，在弹出的库中选择"对比度"型的封面，文档的开头处将自动创建一个封面。在封面的标题区域输入文本"鲁迅作品集"，作者区域输入"鲁迅"，摘要区域输入"鲁迅的作品包括杂文、短篇小说、评论、散文、翻译作品。"，删除多余的区域。

　　（6）统计全文字数：单击"审阅"选项卡→"字数统计"。

　　（7）保存文档。

【拓展训练】

　　打开文档"PhotoShop 教案-原文.docx"，按以下要求进行操作，效果如图 3.5.16 所示。

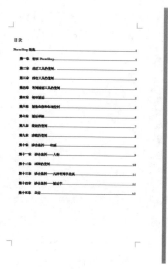

图 3.5.16　教案效果图

具体要求：

　　（1）创建封面：为文档插入"瓷砖型"的封面，设置封面标题为"PhotoShop 教案"，字体为华文行楷，字号为 60 磅，并添加"红色，5pt 发光，强调文字颜色 2"的文本效果。

　　（2）插入目录：建立"自动目录 1"样式的目录，并设置字形为加粗，行距为 2 倍行距。

　　（3）只有正文部分显示页码，起始页码为 1，封面和目录页无页码。

【案例小结】

通过学习长文档的编辑排版，读者对 Word 的样式设置和样式的应用、节的插入、页眉页脚的设置、题注的插入、封面和目录的创建等操作有了深入的了解和掌握。在长文档的排版过程中应注意：

（1）开始排版时，要先设置好样式，一般主要设置的样式有正文、标题 1、标题 2、标题 3 四种。

（2）正文的图和表无缩进居中，图、表标题居中，图标题位于图下方，表标题位于表上方。

（3）将封面、摘要、目录和正文的各部分分为独立的一节。

（4）自动生成文档目录，一般显示 3 级目录。

（5）长文档是按单面还是双面打印格式进行排版，根据打印格式调整奇偶页不同，每一节的页眉、页脚断开链接，封面没有页眉也不显示页码。

（6）检查分节后页眉、页脚、页码设置是否正确，目录是否要更新。

第 4 章　Excel 应用

Excel 2010 是 Microsoft 公司推出的电子表格软件，也是 Microsoft Office 2010 办公集成软件的重要组成部分，它是专门为电子报表的制作而编制的软件，用来帮助用户完成信息存储、数据的计算处理与分析决策、信息动态发布等工作。Excel 2010 不仅继承了以前版本的所有优点，而且在其基础上还增加了新的功能，具有更加齐全的功能群组，可以高效地帮助用户完成各种表格和图的设计，进行复杂的数据计算、清晰的分析与判断，提供生动活泼、赏心悦目的操作环境，达到易学易用的效果。Excel 2010 已经广泛应用于财务、金融、经济、统计、审计和行政等众多领域。

案例 1　制作公司员工信息表

【学习目标】

（1）理解工作簿、工作表、单元格、填充柄等基本知识。
（2）掌握工作簿的基本操作。
（3）掌握数据类型及各类数据的输入、填充。
（4）熟练掌握工作表的基本操作与设置。
（5）掌握单元格、列、行的操作。

【案例分析】

某公司长沙分公司有职工 12 人，办公室文员小王需要制作一张职工信息表，里面包含公司所有员工的基本信息，如图 4.1.1 所示。

	A	B	C	D	E	F
2	1	王睿钦	市场部	主管	经济师	本科
3	2	文路南	物流部	项目主管	高级工程师	硕士
4	3	钱新	财务部	财务总监	高级会计师	本科
5	4	英冬	市场部	业务员	无	大专
6	5	令狐颖	行政部	内勤	无	高中
7	6	柏国力	物流部	部长	高级工程师	硕士
8	7	白俊伟	市场部	外勤	工程师	本科
9	8	夏蓝	市场部	业务员	无	高中
10	9	段齐	物流部	项目主管	工程师	本科
11	10	李莫薷	财务部	出纳	助理会计师	本科
12	11	林帝	行政部	副部长	经济师	本科
13	12	牛婷婷	市场部	主管	经济师	硕士

图 4.1.1　员工的基本信息表

【知识准备】

1. 工作簿与工作表的基本概念

（1）工作表：工作表是在 Excel 2010 中用于存储和处理数据的主要文档，也称为电子表格。工作表由排列成行、列的单元格组成，列号按字母排列，A~XFD 共 16384 列，行号按阿拉伯数字自然排列，共 1048576 行，可以视作无限大，远大于 Excel 2003 的列、行数。工作表总是存储在工作簿中。

（2）单元格：工作表行和列交叉的矩形框称为单元格。单元格的使用是通过引用单元格地址来实现的。单元格地址由列号和行号共同组成，如 B8，列号在前，行号在后。

（3）工作簿：工作簿是包含一个或多个工作表的文件，该文件可用来组织各种相关信息，可同时在多张工作表上输入并编辑数据，并且可以对多张工作表的数据进行汇总、分析计算。

2. 创建工作簿

（1）利用菜单命令创建空白工作簿：打开"文件"选项卡，单击"新建"按钮。

（2）选择"可用模板"|"空白工作簿"，双击"空白工作簿"或单击右下角"创建"按钮，即可创建一个新的空白工作簿。

3. 打开工作簿

（1）找到要打开的工作簿文件，直接双击打开。

（2）找到要打开的工作簿文件，右击，在弹出的快捷菜单中选择"打开"选项。

（3）启动 Excel 2010 应用程序后，利用菜单打开工作簿：打开"文件"选项卡，单击 📂 打开按钮，弹出"打开"对话框，选择要打开的工作簿文件，单击 打开(O) 按钮。

4. 添加工作表

打开 Excel 2010，系统会默认创建一个工作簿，其中包含三个工作表，选择其中一个工作表，接下来有以下三种方法可以添加单张工作表。

（1）在选择的工作表的标签上右击，然后在弹出的快捷菜单中选择"插入"命令，弹出"插入"对话框，在"常用"选项卡下选择"工作表"选项，单击"确定"按钮，即可在所选工作表前插入一张新的工作表。

（2）选择"开始"选项卡|"单元格"组，单击"插入"下拉按钮，在弹出的下拉列表中选择"插入工作表"选项，同样可以在选中的工作表前插入一张新的工作表。

（3）单击 Sheet3 旁边的"插入工作表"按钮 Sheet3 📝 ，即可在所选工作表后面插入一张新的工作表。

5. 删除工作表

如果已不再需要某个工作表，可以将该表删除。常用方法有以下两种：

（1）选定要删除的工作表，选择"开始"选项卡|"单元格"组，单击"删除"下拉按钮，在弹出的下拉列表中选择"删除工作表"选项。

（2）右击要删除的工作表标签，从弹出的快捷菜单中选择"删除"选项。

6. 数据的输入

Excel 工作表单元格能够包含文本、数字、日期、时间与公式等数据类型。在输入数据时，首先激活相应的单元格，然后输入数据。

（1）输入文本数据。单击需要输入数据的单元格，输入所需的文本数据，输入完成后，按"Tab"键可使相邻右侧的单元格成为活动单元格，按"Enter"键可使相邻下方的单元格成为活动单元格。文本数据在单元格中的默认对齐方式是左对齐。

（2）输入数字数据。单击需要输入数字的单元格，输入具体的数值。在 Excel 中，数字是仅包含下列字符的常量数值：0、1、2、3、4、5、6、7、8、9、+、-、()、/、$、￥、%、,、.、E、e。数字数据在单元格中的默认对齐方式是右对齐。

（3）输入时间和日期。日常编辑表格数据时，往往要涉及日期和时间。用户可以使用多种格式来输入日期。

（4）输入公式。使用公式有助于分析工作表中的数据。选定要输入公式的单元格，在单元格中输入一个等号"="，输入公式的内容，输入完毕后，按"Enter"键。

7. 数据的编辑

（1）编辑、修改单元格数据。双击要编辑或修改数据的单元格，对数据内容进行修改或编辑，按"Enter"键确认所做编辑或修改。

若要取消所做编辑或修改，按"Esc"键即可。

（2）删除单元格数据。先选定相应的单元格或单元格区域，然后按"Delete"键。

（3）有选择地删除单元格中的相关内容、格式以及批注等。选定被删除数据的单元格区域，选择"开始"选项卡|"编辑"组，单击"清除"下拉按钮，弹出下拉列表，从下拉列表中选择相应的清除选项，其中各选项的功能如表 4.1.1 所示。

表 4.1.1　清除选项

选项	功能
全部清除	清除单元格中的全部内容，格式、批注和超链接等
清除格式	仅清除单元格的格式，单元格的内容、批注和超链接均不改变
清除内容	仅清除单元格的内容，单元格的格式和批注均不改变
清除批注	仅清除单元格中包含的附注，单元格的内容、格式和超链接均不改变
清除超链接	仅清除文本中的超链接，单元格的内容、格式和批注均不改变

8. 移动单元格数据

移动单元格数据是指将某个单元格中的数据从一个位置移到另一个位置，原位置的数据会消失。

（1）双击被移动数据的单元格。

（2）在单元格中选择要移动的数据。

（3）选择"开始"选项卡|"剪贴板"组，单击"剪切"按钮 ✂；或者右击，在弹出的快捷菜单中选择"剪切"选项。

（4）单击需要粘贴数据的单元格。

（5）选择"开始"选项卡|"剪贴板"组，单击"粘贴"按钮 📋；或者右击，在弹出的快捷菜单中选择"粘贴"选项。

9. 复制单元格数据

复制单元格数据是指将某个单元格或区域中的数据复制到指定位置，原位置的数据依然存在。

（1）双击被复制数据的单元格。

（2）在单元格中选择要复制的数据。

（3）选择"开始"选项卡|"剪贴板"组，单击"复制"按钮 📋；或者右击，在弹出的快

捷菜单中选择"复制"选项。

（4）单击需要粘贴数据的单元格。

（5）选择"开始"选项卡|"剪贴板"组，单击"粘贴"按钮；或者右击，在弹出的快捷菜单中选择"粘贴"选项。

【解决方案】

1. Excel 2010 的启动

启动 Excel 2010 的方法有几种，用户可根据自己的习惯和具体情况，采取其中的任何一种方法。

（1）通过"开始"菜单启动：点击"开始"|"所有程序"|"Microsoft Office"|"Microsoft Excel 2010"。

（2）通过桌面快捷方式启动：双击桌面上的 Excel 2010 快捷方式图标。

（3）通过"文档"启动：双击计算机存储的某个 Excel 2010 文档。

Excel 2010 工作界面由标题栏、快速访问工具栏、功能区、名称框、编辑栏、工作表编辑区和状态栏组成，如图 4.1.2 所示。

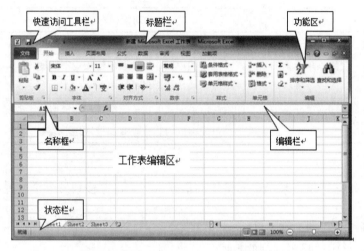

图 4.1.2　Excel 2010 工作界面

2. 数据录入

（1）录入表格标题行。从单元格 A1 开始输入标题行的"序号""姓名""部门""职务""职称""学历"，如图 4.1.3 所示。

	A	B	C	D	E	F	G
1	序号	姓名	部门	职务	职称	学历	
2							
3							
4							

图 4.1.3　录入表格标题行

（2）录入所有员工的信息。输入每个人的信息，即在表格中横向输入，输入完 F 列的"学历"数据后，光标定位下一行 B 列单元格，继续录入，直到所有职工的信息输入完成，如图 4.1.4 所示。

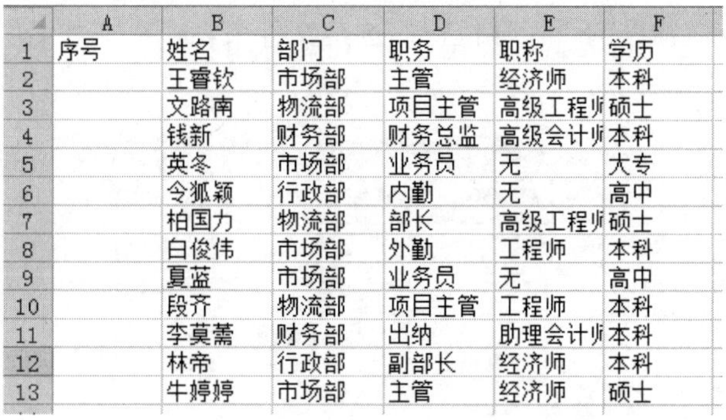

图 4.1.4　录入所有员工的信息

提示： ①在工作表中的 A2 单元格输入数字"1"。②按住"ctrl"键的同时，拖动 A2 单元格的填充柄至 A13 单元格即可快速填充序列。

（3）调整表格行高和列宽。若单元格内容没有完全显示出来或者输入的数字显示为"#"，在增加列宽后可以正常显示了。

如需将 E 列列宽调宽，可将鼠标指针移到列标 E 和 F 之间的竖线位置，当鼠标指针变成 ✛ 时，按住鼠标左键不放向右拖曳。

调整行高也是用类似的方法，直接将鼠标指针指向需要调整高度的行号下方，按住鼠标左键不放，上下拖曳即可。

提示： 快速调整行高、列宽：在行、列边框线上双击，可将行高、列宽调整到与其中内容相适应。

（4）将工作表标签命名。

1）右击工作表标签 Sheet1，选择"重命名"快捷菜单命令，如图 4.1.5 所示。

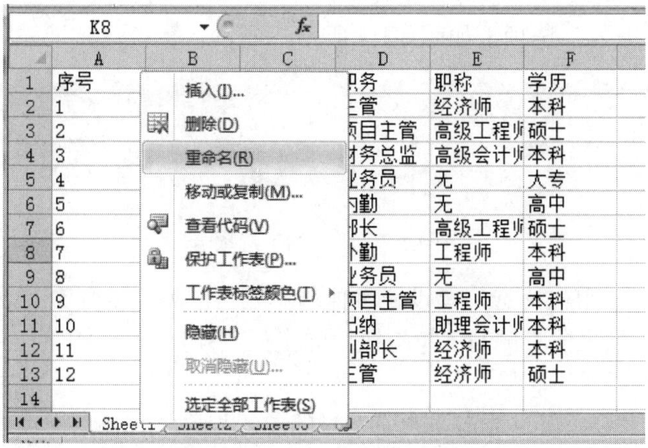

图 4.1.5　工作表标签重命名

2）在 Sheet1 被高亮度显示的状态下，输入"员工信息表"后，按 Enter 键。

（5）保存员工信息表。

1）单击工具栏中的"保存" 🖫 按钮或执行"文件"→"保存"菜单命令，此时屏幕上弹出"另存为"对话框。

2）在"另存为"对话框的"保存位置"选定文件夹，在"文件名"文本框中输入"员工信息表.xlsx"，如图 4.1.6 所示。

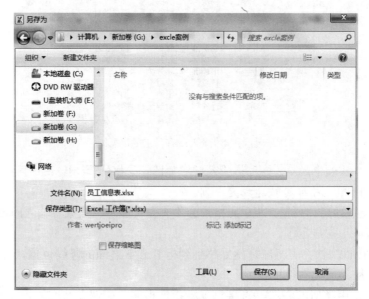

图 4.1.6 "另存为"对话框

3. 工作表的格式化

编辑好工作表内容后，需要对工作表进行格式化编排，使表格更加形象、整齐、美观、一目了然。

（1）设置文字格式。

1）使用"开始"选项卡|"字体"组设置。

Excel 2010 的"开始"选项卡如图 4.1.7 所示。

图 4.1.7 "开始"选项卡

2）设置字体格式：首先需选定要设置字体的单元格区域，然后单击如图 4.1.7 所示的"字体"组|"字体"下拉列表框右侧的下拉按钮，弹出如图 4.1.8 所示的下拉列表框，最后从列表中选择所需的字体即可。

3）设置文本的字号：需先选定要改变字号的单元格区域，然后单击"字体"组"字号"下拉按钮，弹出"字号"下拉列表，从列表中选择所需的字号即可。

4）设置文本的字形："字体"组具有三个设置文本字形的按钮，即"加粗" **B**、"倾斜" **I** 和"下划线" **U**，这三个选项可以同时选择，也可以只选一项。

5）设置文本的颜色：需先选定要设置文本颜色的单元格区域，然后单击"字体"组|"字体颜色"下拉按钮，弹出颜色调色板，在颜色调色板中选择所需的颜色即可。

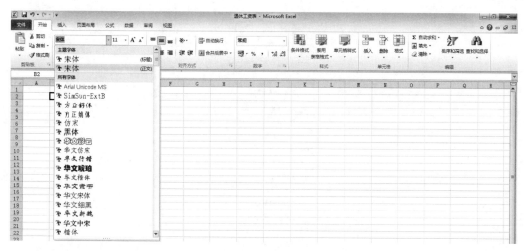

图 4.1.8 字体选择

6）标题行的内容设置为黑体，18 号字；其他文字设置为宋体，14 号字。调整行高和列宽，使所有内容全部显示出来，如图 4.1.9 所示。

序号	姓名	部门	职务	职称	学历	G
1	王睿钦	市场部	主管	经济师	本科	
2	文路南	物流部	项目主管	高级工程师	硕士	
3	钱新	财务部	财务总监	高级会计师	本科	
4	英冬	市场部	业务员	无	大专	
5	令狐颖	行政部	内勤	无	高中	
6	柏国力	物流部	部长	高级工程师	硕士	
7	白俊伟	市场部	外勤	工程师	本科	
8	夏蓝	市场部	业务员	无	高中	
9	段齐	物流部	项目主管	工程师	本科	
10	李莫薷	财务部	出纳	助理会计师	本科	
11	林帝	行政部	副部长	经济师	本科	
12	牛婷婷	市场部	主管	经济师	硕士	

图 4.1.9 文字设置效果图

提示：也可以使用以下两种方式设置单元格格式：

1）使用"开始"选项卡|"单元格"组设置。

①选择要进行文本格式设置的单元格区域。

②选择"开始"选项卡 | "单元格"组，单击"格式"下拉按钮，弹出如图 4.1.10 所示的下拉列表。

③单击其中的"设置单元格格式"，弹出如图 4.1.11 所示的"设置单元格格式"对话框。在此可以进行"字体""字形""字号""下划线""颜色"等文本属性的设置。

④设置完成后单击"确定"按钮。

2）使用快捷菜单设置。选中要设置格式的单元格，右击，在弹出的快捷菜单中选择"设置单元格格式"，弹出"设置单元格格式"对话框，在该对话框中即可设置。

（2）设置数字格式。

1）在 G 列添加"基本工资"，按照图 4.1.12 输入员工的基本工资。

图 4.1.10　"格式"下拉列表

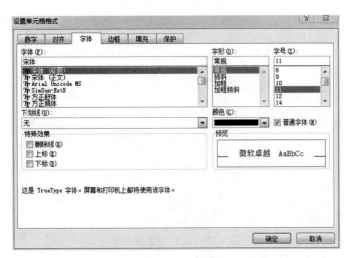

图 4.1.11　"设置单元格格式"对话框

	A	B	C	D	E	F	G
1	序号	姓名	部门	职务	职称	学历	基本工资
2	1	王睿钦	市场部	主管	经济师	本科	3150
3	2	文路南	物流部	项目主管	高级工程师	硕士	2800
4	3	钱新	财务部	财务总监	高级会计师	本科	2800
5	4	英冬	市场部	业务员	无	大专	1500
6	5	令狐颖	行政部	内勤	无	高中	1350
7	6	柏国力	物流部	部长	高级工程师	硕士	2600
8	7	白俊伟	市场部	外勤	工程师	本科	2200
9	8	夏蓝	市场部	业务员	无	高中	1300
10	9	段齐	物流部	项目主管	工程师	本科	2100
11	10	李莫蕎	财务部	出纳	助理会计师	本科	1400
12	11	林帝	行政部	副部长	经济师	本科	2100
13	12	牛婷婷	市场部	主管	经济师	硕士	3200

图 4.1.12　员工基本工资

2）使用"开始"选项卡|"数字"组设置基本工资的格式。选择"开始"选项卡|"数字"→"货币" ，如图 4.1.13 所示。

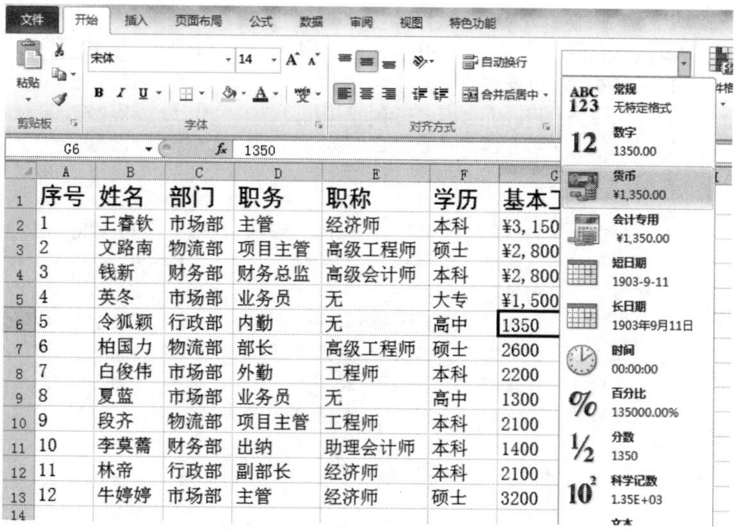

图 4.1.13　设置基本工资的格式

提示："开始"选项卡|"数字"组中有 6 个格式化数字的按钮设置："常规"下拉列表、"货币样式" 、"百分比样式" %、"千位分隔样式" ，、"增加小数位数" 和"减少小数位数" 。它们的功能分别是：

①"常规"下拉按钮：在弹出的下拉列表中根据需要设置数字格式。

②"货币样式"下拉按钮：在弹出的下拉列表中根据需要在数字前面插入货币符号，并且保留两位小数。

③"百分比样式"按钮：将选定单元格区域的数字乘以 100，在该数字的末尾加上百分号。

④"千位分隔样式"按钮：将选定单元格区域的数字从小数点向左每三位整数之间用千分号分隔。

⑤"增加小数位数"按钮：将选定单元格区域的数字增加一位小数。

⑥"减少小数位数"按钮：将选定单元格区域的数字减少一位小数。

（3）设置对齐格式。

1）将标题行的内容设置为水平居中。利用"开始"选项卡|"对齐方式"组中"居中"按钮进行设置，如图 4.1.14 所示。

图 4.1.14　标题行的内容设置

2）按住"Ctrl"键的同时，框选"序号""职务""学历"列，设置为水平居中和垂直居中，如图 4.1.15 所示。

	A	B	C	D	E	F	G
1	序号	姓名	部门	职务	职称	学历	基本工资
2	1	王睿钦	市场部	主管	经济师	本科	¥3,150.00
3	2	文路南	物流部	项目主管	高级工程师	硕士	¥2,800.00
4	3	钱新	财务部	财务总监	高级会计师	本科	¥2,800.00
5	4	英冬	市场部	业务员	无	大专	¥1,500.00
6	5	令狐颖	行政部	内勤	无	高中	¥1,350.00
7	6	柏国力	物流部	部长	高级工程师	硕士	¥2,600.00
8	7	白俊伟	市场部	外勤	工程师	本科	¥2,200.00
9	8	夏蓝	市场部	业务员	无	高中	¥1,300.00
10	9	段齐	物流部	项目主管	工程师	本科	¥2,100.00
11	10	李莫薷	财务部	出纳	助理会计师	本科	¥1,400.00
12	11	林帝	行政部	副部长	经济师	本科	¥2,100.00
13	12	牛婷婷	市场部	主管	经济师	硕士	¥3,200.00

图 4.1.15　设置为水平居中和垂直居中

提示：如图 4.1.16 所示，"开始"选项卡|"对齐方式"组中有以下对齐格式按钮设置："顶端对齐""垂直居中""底端对齐""文本左对齐""居中""文本右对齐""方向""增加缩进量""减少缩进量""自动换行"和"合并后居中"。它们的功能分别为：

图 4.1.16　"对齐方式"组

①"顶端对齐"按钮：可以将选定的单元格区域中的内容沿单元格顶边缘对齐。
②"垂直居中"按钮：可以将选定的单元格区域中的内容沿单元格垂直方向居中对齐。
③"底端对齐"按钮：可以将选定的单元格区域中的内容沿单元格底边缘对齐。
④"文本左对齐"按钮：可以将选定的单元格区域中的内容沿单元格左边缘对齐。
⑤"文本右对齐"按钮：可以将选定的单元格区域中的内容沿单元格右边缘对齐。
⑥"居中"按钮：可以将选定的单元格区域中的内容居中。
⑦"合并后居中"下拉按钮：弹出如图 4.1.17 所示的下拉列表，从中选择命令。
⑧"自动换行"按钮：可以将选定单元格中超出列宽的内容自动换到下一行。
⑨"方向"下拉按钮：弹出如图 4.1.18 所示的下拉列表，从中选择命令。
（4）单元格与行、列的操作。
1）在第一行之前插入表格标题"公司员工信息表"。
①选定第一行单元格。
②选择"开始"选项卡｜"单元格"组，单击"插入"下拉按钮，单击"插入工作表行"，如图 4.1.19 所示。

图 4.1.17　"合并后居中"下拉列表 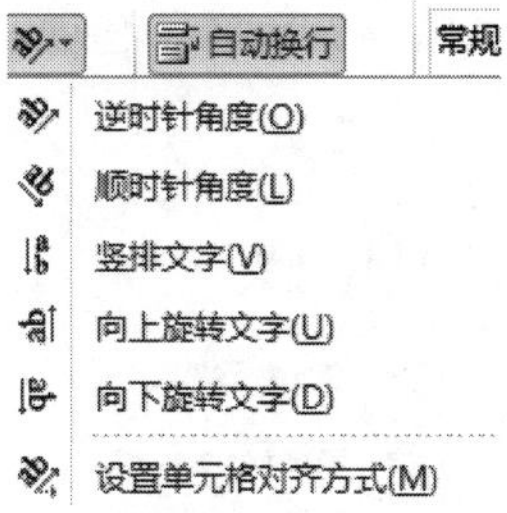　　图 4.1.18　"方向"下拉列表

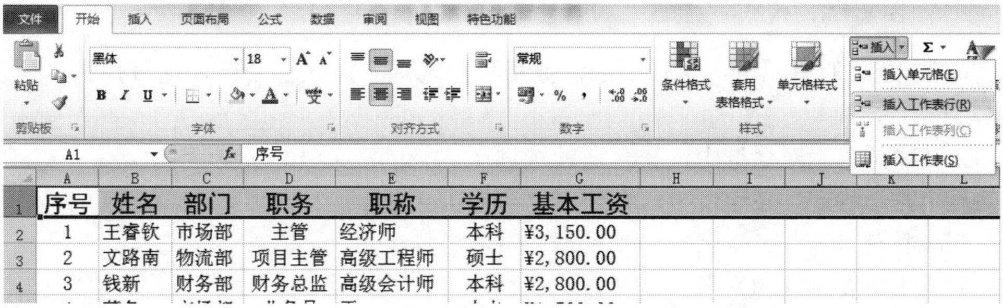

图 4.1.19　插入表格标题

2）对表格标题进行字体格式设置。

选择 A1:G1 范围的单元格，选择"开始"选项卡｜"对齐方式"组，单击"合并后居中"，输入表格标题"公司员工信息表"。文字设置为"隶书"，28 号字，如图 4.1.20 所示。

序号	姓名	部门	职务	职称	学历	基本工资
1	王睿钦	市场部	主管	经济师	本科	¥3,150.00
2	文路南	物流部	项目主管	高级工程师	硕士	¥2,800.00
3	钱新	财务部	财务总监	高级会计师	本科	¥2,800.00
4	英冬	市场部	业务员	无	大专	¥1,500.00
5	令狐颖	行政部	内勤	无	高中	¥1,350.00
6	柏国力	物流部	部长	高级工程师	硕士	¥2,600.00
7	白俊伟	市场部	外勤	工程师	本科	¥2,200.00
8	夏蓝	市场部	业务员	无	高中	¥1,300.00
9	段齐	物流部	项目主管	工程师	本科	¥2,200.00
10	李莫蕉	财务部	出纳	助理会计师	本科	¥1,400.00
11	林帝	行政部	副部长	经济师	本科	¥2,100.00
12	牛婷婷	市场部	主管	经济师	硕士	¥3,200.00

图 4.1.20　字体格式设置

【知识拓展】

1. 插入单元格、整行或整列

（1）在需要插入单元格的位置选定单元格。

（2）选择"开始"选项卡｜"单元格"组，单击"插入"下拉按钮，弹出如图 4.1.21 所示的下拉列表，单击"插入工作表行"（或"插入工作表列"），则在工作表中插入整行（或整

列）；如单击"插入单元格"选项，则弹出如图 4.1.22 所示"插入"对话框。

图 4.1.21　插入下拉列表　　　　　　　图 4.1.22　"插入"对话框

或者右击选定的单元格，在弹出的快捷菜单中选择"插入"命令，也可弹出"插入"对话框。

（3）在"插入"对话框中选择合适的选项。

（4）单击"确定"按钮。

2. 删除整行

（1）单击所要删除的行号。

（2）选择"开始"选项卡|"单元格"组，单击"删除"下拉按钮，弹出如图 4.1.23 所示下拉列表，单击"删除工作表行"，则被选定的行被删除，其下方的行整体向上移动。

或者右击选定的行或单元格，在弹出的快捷菜单中选择"删除"命令，则会弹出如图 4.1.24 所示的"删除"对话框，选择"整行"，则被选定的行被删除，其下方的行整体向上移动。

图 4.1.23　"删除"下拉列表　　　　　　图 4.1.24　"删除"对话框

3. 删除整列

（1）单击所要删除的列标。

（2）选择"开始"选项卡|"单元格"组，单击"删除"下拉按钮，弹出"删除"下拉列表，选择"删除工作表列"，则被选定的列被删除，其右方的列整体向左移动。

或者右击选定的列或单元格，在弹出的快捷菜单中选择"删除"命令，则会弹出如图 4.1.24 所示的"删除"对话框，选择"整列"，则被选定的列被删除，其右方的列整体向左移动。

4. 删除单元格

（1）单击所要删除的单元格或单元格区域。

（2）选择"开始"选项卡|"单元格"组，单击"删除"下拉按钮，弹出"删除"下拉列表，选择"删除单元格"，弹出如图 4.1.24 所示的"删除"对话框。

或者右击选定的单元格，在弹出的快捷菜单中选择"删除"命令，弹出"删除"对话框。

（3）在"删除"对话框中选择合适的选项。

（4）单击"确定"按钮。

5．表格修饰

（1）选择除表格标题以外的所有单元格。

（2）选择"开始"选项卡 | "样式"组，单击"套用表格格式"下拉按钮，在弹出的下拉列表中选择表格样式，如图 4.1.25 所示。

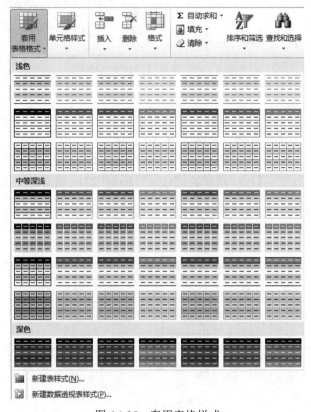

图 4.1.25　套用表格样式

（3）单击某一表格样式，弹出如图 4.1.26 所示的"套用表格式"对话框，选中"表包含标题"复选框，单击"确定"按钮，即可应用预设的表格样式。

图 4.1.26　"套用表格式"对话框

表格套用样式后如图 4.1.27 所示。

			公司员工信息表			
序号	姓名	部门	职务	职称	学历	基本工资
1	王睿钦	市场部	主管	经济师	本科	¥3,150.00
2	文路南	物流部	项目主管	高级工程师	硕士	¥2,800.00
3	钱新	财务部	财务总监	高级会计师	本科	¥2,800.00
4	英冬	市场部	业务员	无	大专	¥1,500.00
5	令狐颖	行政部	内勤	无	高中	¥1,350.00
6	柏国力	物流部	部长	高级工程师	硕士	¥2,600.00
7	白俊伟	市场部	外勤	工程师	本科	¥2,200.00
8	夏蓝	市场部	业务员	无	高中	¥1,300.00
9	段齐	物流部	项目主管	工程师	本科	¥2,100.00
10	李莫薷	财务部	出纳	助理会计师	本科	¥1,400.00
11	林帝	行政部	副部长	经济师	本科	¥2,100.00
12	牛婷婷	市场部	主管	经济师	硕士	¥3,200.00

图 4.1.27 表格套用样式效果图

6. 设置边框

（1）利用"边框"选项自动设置。

（2）选择要进行边框设置的单元格区域。

（3）选择"开始"选项卡|"字体"组，单击"所有框线"下拉按钮，弹出如图 4.1.28 所示的下拉列表，在"边框"选项中选择所需边框，Excel 2010 随即自动设置。

图 4.1.28 "边框"下拉列表

7. 设置底纹

（1）选择要进行底纹设置的单元格区域。

（2）在"设置单元格格式"对话框中，选择"填充"选项卡，在该选项卡中可以对所选区域进行颜色和图案的设置。

【拓展案例】

参照图 4.1.29，制作一份产品销售情况统计表。

产品销售情况统计表

销售地区	商品名称	品牌	规格	单价	数量	销售金额
北京	彩电	SN	40'液晶	7500	90	￥675,000.00
杭州	空调	HR	KFR-26GW/27BP	2619	300	￥785,700.00
上海	彩电	FLP	42'液晶	8990	100	￥899,000.00
天津	冰箱	HX	BCD-197T	1613	120	￥193,560.00
北京	冰箱	HR	BCD-215KA	2106	200	￥421,200.00
天津	彩电	SH	PT42600NHD	6999	50	￥349,950.00
天津	空调	HR	KF-23GW/Z8	1799	210	￥377,790.00
杭州	冰箱	HR	BCD-215KA	2148	30	￥64,440.00
上海	空调	HX	KFR-26GW/27BP	2599	450	￥1,169,550.00
杭州	彩电	SN	40'液晶	7650	170	￥1,300,500.00
北京	空调	HR	KFRD-23GW	3979	370	￥1,472,230.00
上海	冰箱	SMZ	KK20V71TI	2268	200	￥453,600.00
北京	空调	HX	KFR-26GW/27BP	2490	160	￥398,400.00

图 4.1.29　产品销售情况统计表效果图

操作提示：

（1）表格标题文字为黑体，18 号字体。

（2）表格正文部分套用样式"表格样式浅色 14"。

【拓展训练】

参照图 4.1.30，制作一份预算执行情况统计表。

预算执行情况统计表

部门	2007年	2008年	2009年	2010年
办公室	4545	5755	5654	8895
教务处	4554	5686	5566	8889
政教处	5022	7885	4555	7784
总务处	1222	7485	4465	6855
教研室	2333	7885	4545	4578
德育处	4566	5478	6745	4587
教育处	3545	2566	4568	7889

图 4.1.30　预算执行情况统计表效果图

具体要求：

（1）表格标题文字为华文仿宋，20 号字。

（2）表格正文部分套用样式"表格样式浅色 8"。

【案例小结】

通过以上案例的学习，读者掌握了工作簿的基本操作，数据类型及各类数据的输入、填充，工作表的基本操作与设置，单元格、列、行的操作。

案例 2　销售统计表的制作

【学习目标】

（1）应用 Excel 软件的公式和函数进行汇总、统计。

（2）掌握 Excel 软件中数据格式的设置、条件格式的应用。

（3）利用排序实现显示数据的降序或者升序的排列。

（4）能灵活使用条件格式突出显示数据结果。

【案例分析】

该公司销售部对于各销售代表进行年度评价，现要求根据 2008 年销售情况制作一份全年销售统计表。并结合各位销售代表销售完成情况给定业绩奖励。样表如图 4.2.1 所示。

	A	B	C	D	E	F	G	H	I	J	K	L	M	N	O	P	Q
1	"为食家"大排档啤酒销售情况表																
2	销售员	品牌	进价（元）	进货（瓶）	售价（元）	一周销售情况							本周销量（瓶）	日平均销量（瓶）	周利润	业绩评定	业绩奖励
3						日	一	二	三	四	五	六					
4	孟凯	蓝带	3.5	300	7.00	53	22	25	31	36	29	46	242	35	847	优	127.05
5	辛旺	珠江	3	300	6.00	62	25	26	35	31	28	50	257	37	771	良	77.1
6	马洪涛	蓝妹	4.5	250	8.00	55	18	21	26	34	22	39	215	31	753	良	75.25
7	张平	生力	5	250	8.00	50	20	23	28	33	18	42	214	31	642	良	64.2
8	杨洋	纯生	2	300	4.00	68	26	24	30	33	23	56	260	37	520	合格	26
9	陆路	山水	1.8	350	3.50	73	28	30	33	39	26	67	296	42	503	合格	25.16

图 4.2.1　样表效果图

【解决方案】

1. 打开工作簿

在 Excel 中，打开一个名为"案例 2.xlsx"工作簿。该工作簿"Sheet1"中有如图 4.2.2 所示的内容。

	A	B	C	D	E	F	G	H	I	J	K	L	M	N	O	P	Q
1	"为食家"大排档啤酒销售情况表																
2	销售员	品牌	进价（元）	进货（瓶）	售价（元）	一周销售情况							本周销量（瓶）	日平均销量（瓶）	周利润	业绩评定	业绩奖励
3						日	一	二	三	四	五	六					
4	张平	生力	5	250	8.00	50	20	23	28	33	18	42					
5	辛旺	珠江	3	300	6.00	62	25	26	35	31	28	50					
6	杨洋	纯生	2	300	4.00	68	26	24	30	33	23	56					
7	陆路	山水	1.8	350	3.50	73	28	30	33	39	26	67					
8	孟凯	蓝带	3.5	300	7.00	53	22	25	31	36	29	46					
9	马洪涛	蓝妹	4.5	250	8.00	55	18	21	26	34	22	39					

图 4.2.2　打开工作簿

2. 计算"本周销量（瓶）"值

（1）计算"生力"品牌的本周销量。选定"M4"单元格，直接输入公式"=SUM（F4:L4）"，回车确定。数据值计算结果如图 4.2.3 所示。

（2）计算其他商品的本周销量。选定 M4 单元格后，将鼠标指向该单元格右下角填充柄，按住左键不松，拖曳到 M9 单元格即可。数据值计算结果如图 4.2.4 所示。

销售员	品牌	进价(元)	进货(瓶)	售价(元)	一周销售情况							本周销量(瓶)	日平均销量(瓶)	周利润	业绩评定	业绩奖励
					日	一	二	三	四	五	六					
张平	生力	5	250	8.00	50	20	23	28	33	18	42	214				
辛旺	珠江	3	300	6.00	62	25	26	35	31	28	50					
杨洋	纯生	2	300	4.00	68	26	24	30	33	23	56					
陆路	山水	1.8	350	3.50	73	28	30	33	39	26	67					
孟凯	蓝带	3.5	300	7.00	53	22	25	31	36	29	46					
马洪涛	蓝妹	4.5	250	8.00	55	18	21	26	34	22	39					

"为食家"大排档啤酒销售情况表

图 4.2.3　数据值计算结果

销售员	品牌	进价(元)	进货(瓶)	售价(元)	一周销售情况							本周销量(瓶)	日平均销量(瓶)	周利润	业绩评定	业绩奖励
					日	一	二	三	四	五	六					
张平	生力	5	250	8.00	50	20	23	28	33	18	42	214				
辛旺	珠江	3	300	6.00	62	25	26	35	31	28	50	257				
杨洋	纯生	2	300	4.00	68	26	24	30	33	23	56	260				
陆路	山水	1.8	350	3.50	73	28	30	33	39	26	67	296				
孟凯	蓝带	3.5	300	7.00	53	22	25	31	36	29	46	242				
马洪涛	蓝妹	4.5	250	8.00	55	18	21	26	34	22	39	215				

"为食家"大排档啤酒销售情况表

图 4.2.4　填充的结果

3．计算"日平均销量（瓶）"值

（1）计算"生力"品牌的日平均销量。选定 N4 单元格，选择"公式"选项卡|"函数库"组|"插入函数"，如图 4.2.5 所示。

图 4.2.5　选定单元格

在弹出的"插入函数"对话框中，在"选择函数"列表框中选择"AVERAGE"，如图 4.2.6 所示，然后单击"确定"按钮。

图 4.2.6　"插入函数"对话框

在弹出的"函数参数"对话框中，在"Number1"文本框中输入"F4:L3"，如图 4.2.7 所示，然后单击"确定"按钮。

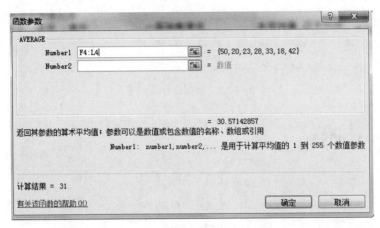

图 4.2.7 "函数参数"对话框

（2）计算其他商品的日平均销量。选定 N4 单元格后，将鼠标指向该单元格右下角填充柄，按住左键不松，拖曳到 N9 单元格即可，如图 4.2.8 所示。

	A	B	C	D	E	F	G	H	I	J	K	L	M	N	O	P	Q
1	"为食家"大排档啤酒销售情况表																
2		品牌	进价（元）	进货（瓶）	售价（元）	一周销售情况							本周销量（瓶）	日平均销量（瓶）	周利润	业绩评定	业绩奖励
3	销售员					日	一	二	三	四	五	六					
4	张平	生力	5	250	8.00	50	20	23	28	33	18	42	214	31			
5	辛旺	珠江	3	300	6.00	62	25	26	35	31	28	50	257	37			
6	杨洋	纯生	2	300	4.00	68	26	24	30	33	23	56	260	37			
7	陆路	山水	1.8	350	3.50	73	28	30	33	39	26	67	296	42			
8	孟凯	蓝带	3.5	300	7.00	53	22	25	31	36	29	46	242	35			
9	马洪涛	蓝妹	4.5	250	8.00	55	18	21	26	34	22	39	215	31			

图 4.2.8 计算日平均销量

4. 计算"周利润"值

（1）计算"生力"品牌的周利润。计算机公式为：周利润=本周销量×（售价-进价）。选定 O4 单元格，在单元格中输入：=M4*(E4-C4)，回车确认，如图 4.2.9 所示。

	A	B	C	D	E	F	G	H	I	J	K	L	M	N	O	P	Q
1	"为食家"大排档啤酒销售情况表																
2		品牌	进价（元）	进货（瓶）	售价（元）	一周销售情况							本周销量（瓶）	日平均销量（瓶）	周利润	业绩评定	业绩奖励
3	销售员					日	一	二	三	四	五	六					
4	张平	生力	5	250	8.00	50	20	23	28	33	18	42	214	31	642		
5	辛旺	珠江	3	300	6.00	62	25	26	35	31	28	50	257	37			
6	杨洋	纯生	2	300	4.00	68	26	24	30	33	23	56	260	37			
7	陆路	山水	1.8	350	3.50	73	28	30	33	39	26	67	296	42			
8	孟凯	蓝带	3.5	300	7.00	53	22	25	31	36	29	46	242	35			
9	马洪涛	蓝妹	4.5	250	8.00	55	18	21	26	34	22	39	215	31			

图 4.2.9 公式计算

（2）计算其他商品的周利润。选定 O4 单元格后，将鼠标指向该单元格右下角填充柄，按住左键不松，拖曳到 O9 单元格即可，如图 4.2.10 所示。

	A	B	C	D	E	F	G	H	I	J	K	L	M	N	O	P	Q
1	"为食家"大排档啤酒销售情况表																
2	销售员	品牌	进价（元）	进货（瓶）	售价（元）	一周销售情况							本周销量（瓶）	日平均销量（瓶）	周利润	业绩评定	业绩奖励
3						日	一	二	三	四	五	六					
4	张平	生力	5	250	8.00	50	20	23	28	33	18	42	214	31	642		
5	辛旺	珠江	3	300	6.00	62	25	26	35	31	28	50	257	37	771		
6	杨洋	纯生	2	300	4.00	68	26	24	30	33	23	56	260	37	520		
7	陆路	山水	1.8	350	3.50	73	28	30	33	39	26	67	296	42	503		
8	孟凯	蓝带	3.5	300	7.00	53	22	25	31	36	29	46	242	35	847		
9	马洪涛	蓝妹	4.5	250	8.00	55	18	21	26	34	22	39	215	31	753		

图 4.2.10　计算周利润

5. 计算"业绩评定"值

　　　　周利润>=800　　　　　业绩等级：优

　　　　600<销售业绩<800　　业绩等级：良

　　　　销售业绩<=600　　　　业绩等级：合格

（1）计算"生力"品牌销售员张平的业绩评定。选定 P4 单元格，直接输入公式"=IF(O4>=800,"优",IF(O4<=600,"合格","良"))"，回车确认。如图 4.2.11 所示。

	A	B	C	D	E	F	G	H	I	J	K	L	M	N	O	P	Q
1	"为食家"大排档啤酒销售情况表																
2	销售员	品牌	进价（元）	进货（瓶）	售价（元）	一周销售情况							本周销量（瓶）	日平均销量（瓶）	周利润	业绩评定	业绩奖励
3						日	一	二	三	四	五	六					
4	张平	生力	5	250	8.00	50	20	23	28	33	18	42	214	31	642	良	
5	辛旺	珠江	3	300	6.00	62	25	26	35	31	28	50	257	37	771		
6	杨洋	纯生	2	300	4.00	68	26	24	30	33	23	56	260	37	520		
7	陆路	山水	1.8	350	3.50	73	28	30	33	39	26	67	296	42	503		
8	孟凯	蓝带	3.5	300	7.00	53	22	25	31	36	29	46	242	35	847		
9	马洪涛	蓝妹	4.5	250	8.00	55	18	21	26	34	22	39	215	31	753		

图 4.2.11　业绩评定

（2）计算其他商品销售员的业绩评定。选定 P4 单元格后，将鼠标指向该单元格右下角填充柄，按住左键不松，拖曳到 P9 单元格即可，如图 4.2.12 所示。

	A	B	C	D	E	F	G	H	I	J	K	L	M	N	O	P	Q
1	"为食家"大排档啤酒销售情况表																
2	销售员	品牌	进价（元）	进货（瓶）	售价（元）	一周销售情况							本周销量（瓶）	日平均销量（瓶）	周利润	业绩评定	业绩奖励
3						日	一	二	三	四	五	六					
4	张平	生力	5	250	8.00	50	20	23	28	33	18	42	214	31	642	良	
5	辛旺	珠江	3	300	6.00	62	25	26	35	31	28	50	257	37	771	良	
6	杨洋	纯生	2	300	4.00	68	26	24	30	33	23	56	260	37	520	合格	
7	陆路	山水	1.8	350	3.50	73	28	30	33	39	26	67	296	42	503	合格	
8	孟凯	蓝带	3.5	300	7.00	53	22	25	31	36	29	46	242	35	847	优	
9	马洪涛	蓝妹	4.5	250	8.00	55	18	21	26	34	22	39	215	31	753	良	

图 4.2.12　业绩评定结果

6. 结合业绩评定，给定业绩奖励

　　　　评定等级=优　　　　业绩奖励=周利润*15%

　　　　评定等级=良　　　　业绩奖励=周利润*10%

　　　　评定等级=合格　　　业绩奖励=周利润*5%

（1）计算"生力"品牌销售员张平的业绩奖励。选定 Q4 单元格，直接输入公式"=IF(P4="优",O4*0.15,IF(P4="良",O4*0.1,IF(P4="合格",O4*0.05)))"，回车确认，如图 4.2.13 所示。

（2）计算其他商品销售员的业绩奖励。选定 Q4 单元格后，将鼠标指向该单元格右下角填充柄，按住左键不松，拖曳到 Q9 单元格即可，如图 4.2.14 所示。

	A	B	C	D	E	F	G	H	I	J	K	L	M	N	O	P	Q
1	"为食家"大排档啤酒销售情况表																
2	销售员	品牌	进价（元）	进货（瓶）	售价（元）	一周销售情况							本周销量（瓶）	日平均销量（瓶）	周利润	业绩评定	业绩奖励
3						日	一	二	三	四	五	六					
4	张平	生力	5	250	8.00	50	20	23	28	33	18	42	214	31	642	良	64.2
5	辛旺	珠江	3	300	6.00	62	25	26	35	31	28	50	257	37	771	良	
6	杨洋	纯生	2	300	4.00	68	26	24	30	33	23	56	260	37	520	合格	
7	陆路	山水	1.8	350	3.50	73	28	30	33	39	26	67	296	42	503	合格	
8	孟凯	蓝带	3.5	300	7.00	53	22	25	31	36	29	46	242	35	847	优	
9	马洪涛	蓝妹	4.5	250	8.00	55	18	21	26	34	22	39	215	31	753	良	

图 4.2.13　计算业绩奖励

	A	B	C	D	E	F	G	H	I	J	K	L	M	N	O	P	Q
1	"为食家"大排档啤酒销售情况表																
2	销售员	品牌	进价（元）	进货（瓶）	售价（元）	一周销售情况							本周销量（瓶）	日平均销量（瓶）	周利润	业绩评定	业绩奖励
3						日	一	二	三	四	五	六					
4	张平	生力	5	250	8.00	50	20	23	28	33	18	42	214	31	642	良	64.2
5	辛旺	珠江	3	300	6.00	62	25	26	35	31	28	50	257	37	771	良	77.1
6	杨洋	纯生	2	300	4.00	68	26	24	30	33	23	56	260	37	520	合格	26
7	陆路	山水	1.8	350	3.50	73	28	30	33	39	26	67	296	42	503	合格	25.16
8	孟凯	蓝带	3.5	300	7.00	53	22	25	31	36	29	46	242	35	847	优	127.05
9	马洪涛	蓝妹	4.5	250	8.00	55	18	21	26	34	22	39	215	31	753	良	75.25

图 4.2.14　业绩奖励

提示：常用函数介绍及工作表的快速计算见本节知识拓展内容。

7. 按照周利润值的大小降序排列

选中表格中 A4:Q9 单元格区域，打开"数据"选项卡，在"排序和筛选"组中单击"排序"按钮，打开"排序"对话框，如图 4.2.15 所示。在"排序"对话框的"主要关键字"下拉列表框中选择"列 O"选项，在"排序依据"下拉列表框中选择"数值"选项，在"次序"下拉列表框中选择"降序"选项。

图 4.2.15　"排序"对话框

单击"确定"按钮，即可完成排序设置，效果如图 4.2.16 所示。

8. 用条件格式对周利润>=700 的数据用"浅红填充色深红色文本"进行设置

选定 P4:P9 单元格区域，选择"开始"选项卡 | "样式"组，单击"条件格式"下拉按钮，选择"突出显示单元格规则"，再选择"大于"，如图 4.2.17 所示。

在打开的对话框中，输入 700，设置选择为："浅红填充色深红色文本"，如图 4.2.18 所示。

销售员	品牌	进价(元)	进货(瓶)	售价(元)	一周销售情况							本周销量(瓶)	日平均销量(瓶)	周利润	业绩评定	业绩奖励
					日	一	二	三	四	五	六					
孟凯	蓝带	3.5	300	7.00	53	22	25	31	36	29	46	242	35	847	优	127.05
辛旺	珠江	3	300	6.00	62	25	26	35	31	28	50	257	37	771	良	77.1
马洪涛	蓝妹	4.5	250	8.00	55	18	21	26	34	22	39	215	31	753	良	75.25
张平	生力	5	250	8.00	50	20	23	28	33	18	42	214	31	642	良	64.2
杨洋	纯生	2	300	4.00	68	26	24	30	33	23	56	260	37	520	合格	26
陆路	山水	1.8	350	3.50	73	28	30	33	39	26	67	296	42	503	合格	25.16

图 4.2.16　排序结果

图 4.2.17　突出显示单元格规则

图 4.2.18　对话框设置

单击"确定"，效果如图 4.2.19 所示。

销售员	品牌	进价(元)	进货(瓶)	售价(元)	一周销售情况							本周销量(瓶)	日平均销量(瓶)	周利润	业绩评定	业绩奖励
					日	一	二	三	四	五	六					
孟凯	蓝带	3.5	300	7.00	53	22	25	31	36	29	46	242	35	847	优	127.05
辛旺	珠江	3	300	6.00	62	25	26	35	31	28	50	257	37	771	良	77.1
马洪涛	蓝妹	4.5	250	8.00	55	18	21	26	34	22	39	215	31	753	良	75.25
张平	生力	5	250	8.00	50	20	23	28	33	18	42	214	31	642	良	64.2
杨洋	纯生	2	300	4.00	68	26	24	30	33	23	56	260	37	520	合格	26
陆路	山水	1.8	350	3.50	73	28	30	33	39	26	67	296	42	503	合格	25.16

图 4.2.19　设置后的效果

【知识拓展】

1. 常用函数介绍

（1）求和函数：SUM()。

功能：计算所有参数数值的和。

使用格式：SUM(number1,number2,…)

参数说明：Number1，Number2，…为1~255个需要求和的参数，代表需要计算的值，参数可以是数字、文本、逻辑值，也可以是单元格引用等。如果参数是单元格引用，那么引用中的空白单元格、逻辑值、文本值和错误值将被忽略，即取值为0。

（2）有条件的求和函数：SUMIF()。

功能：对满足指定条件的单元格求和。

使用格式：SUMIF(Range,Criteria,Sum_Range)

参数说明：Range 代表条件判断的单元格区域；Criteria 为指定条件表达式；Sum_Range代表需要计算的数值所在单元格区域。

（3）求平均值函数：AVERAGE()。

功能：求出所有参数的算术平均值。

使用格式：AVERAGE(number1,number2,…)

参数说明：number1，number2，…为需要求平均值的数值或引用单元格（区域），参数不超过255个。

（4）求最大值函数：MAX()。

功能：求出一组数中的最大值。

使用格式：MAX(number1,number2,…)

参数说明：number1，number2，…代表需要求最大值的数值或引用单元格（区域），参数不超过255个。

（5）求最小值函数：MIN()。

功能：求出一组数中的最小值。

使用格式：MIN(number1,number2,…)

参数说明：number1，number2，…代表需要求最小值的数值或引用单元格（区域），参数不超过255个。

（6）绝对值函数：ABS()。

功能：求出相应数字的绝对值。

使用格式：ABS(number)

参数说明：number 代表需要求绝对值的数值或引用的单元格。

（7）取整函数：INT()。

功能：将数值向下取整为最接近的整数。

使用格式：INT(number)

参数说明：number 表示需要取整的数值或包含数值的引用单元格。

（8）求余函数：MOD()。

功能：求出两数相除的余数。

使用格式：MOD(number,divisor)

参数说明：number 代表被除数；divisor 代表除数。

（9）判断函数：IF()。

功能：根据对指定条件的逻辑判断的真假结果，返回相对应的内容。

使用格式：IF(Logical,Value_if_true,Value_if_false)

参数说明：Logical 代表逻辑判断表达式；Value_if_true 表示当判断条件为逻辑"真（TRUE）"时的显示内容，如果忽略返回"TRUE"；Value_if_false 表示当判断条件为逻辑"假（FALSE）"时的显示内容，如果忽略返回"FALSE"。

（10）COUNT 函数。

功能：统计参数表中的数字参数和包含数字的单元格个数。

使用格式：COUNT(value1,value2,…)

参数说明：value1，value2，…为 1-255 个可以包含或引用各种不同类型数据的参数，但只对数字型数据进行计算。

（11）COUNTIF 函数。

功能：统计某个单元格区域中符合指定条件的单元格数目。

使用格式：COUNTIF(Range,Criteria)

参数说明：Range 代表要统计的单元格区域；Criteria 表示指定的条件表达式。

2．工作表的快速计算

（1）简单计算。求和、平均值、计数、最大值和最小值是常用的简单计算，在"开始"选项卡下的"编辑"组中 Excel 2010 提供了这些简单计算的功能，可以快捷完成计算，如图 4.2.20 所示。

（2）自动计算。Excel 2010 提供自动计算功能，利用它可以自动计算选定单元格的总和、平均值、计数、最大值和最小值等。如图 4.2.21 所示，利用"自动计算"功能计算 A1:A5 单元格区域的总和、最大值和平均值。

图 4.2.20　简单计算

图 4.2.21　自动计算

3. 条件格式

Excel 2010 中的条件格式是一项方便用户的功能，是指在单元格中输入的内容满足预先设置的条件之后，就自动给该单元格预先设置各种样式，并突出显示要检查的动态数据。

条件格式即单元格格式，包括单元格的底纹、字体等。

（1）首先选中要设置格式的单元格区域。

（2）选择"开始"选项卡|"样式"组，单击"条件格式"下拉按钮，弹出如图 4.2.22 所示的下拉列表，选择其中的"新建规则"命令，打开如图 4.2.23 所示的"新建格式规则"对话框。

图 4.2.22 "条件格式"下拉列表

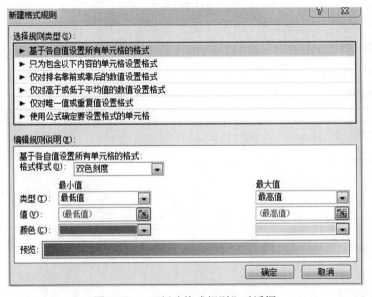

图 4.2.23 "新建格式规则"对话框

（3）在"选择规则类型"列表中，选择"只为包含以下内容的单元格设置格式"，出现如图 4.2.24 所示对话框，可以为满足条件的单元格设置格式。

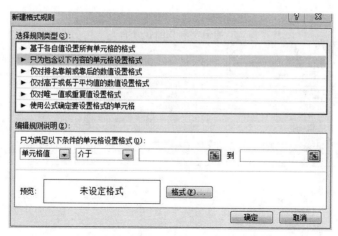

图 4.2.24　选择"只为包含以下内容的单元格设置格式"

选择"单元格值"选项，在右侧设置格式条件，例如，选择下拉列表框中的"介于"选项，后面出现两个文本框，在其中输入数值即可。单击"格式"按钮，打开"设置单元格格式"对话框，其中包含有"数字""字体""边框"和"填充"四个选项卡，在各选项卡中分别设置文本的具体格式。

（4）如果要编辑某个条件，则在图 4.2.22 中选择"管理规则"，打开如图 4.2.25 所示的"条件格式规则管理器"，在该对话框中有"新建规则""编辑规则"和"删除规则"三个选项卡，分别可以进行新建规则、编辑规则和删除规则操作。

图 4.2.25　"条件格式规则管理器"对话框

（5）如果要删除规则，首先选择要删除规则的数据区域，单击"条件格式"下拉按钮，弹出下拉列表，选择"清除规则"命令，或在"条件格式规则管理器"对话框中选择"删除规则"选项，进行相应的删除操作。

【拓展案例】

参照图 4.2.26，制作一份教师积分表。
操作提示：
（1）打开"拓展 2_1.xlsx"文档。
（2）请用公式计算出综合分数，其中综合分数=出勤奖分*0.2+评价得分*0.5+竞赛奖分*0.3。

华信学院教师积分表

姓名	性别	职称	出勤奖分	评教得分	竞赛奖分	综合分数	其它	年终总分	评级
孔德	男	教授	78	85	78	81.5	8.7	90.2	优
石靖	女	教授	74	68	74	71	7.8	78.8	合格
李珍	女	教授	77	78	57	71.5	8.5	80	合格
杨凤	女	副教授	78	96	65	83.1	7.8	90.9	优
石富	男	讲师	70	60	85	69.5	8.6	78.1	合格
张宝	男	讲师	77	88	85	84.9	8.7	93.6	优
刘英	女	副教授	78	87	75	81.6	8.4	90	优
李国	男	讲师	71	85	74	78.9	8.4	87.3	良
叶华	女	副教授	75	87	84	83.7	7.5	91.2	优
李武	男	教授	76	87	74	80.9	7.4	88.3	良

图 4.2.26　教师积分表效果图

（3）请用函数 SUM 计算出年终总分，其中年终总分为"综合分数"加上"其他"的和值。

（4）请用 IF 函数计算出评级的结果。具体情况为：

　　年终总分>=90　　　　评级：优

　　80<年终总分<90　　　评级：良

　　年终总分<=80　　　　评级：合格

（5）将评级结果为优和良的单元格用"红色"背景进行填充。

【拓展训练】

参照图 4.2.27，制作一份公司职员工资表。

某公司职员工资表

部门名称	职员姓名	基本工资	奖金	加班费	补助	应发工资	旷工	水电费	房租费	实发工资
人事部	于飞	1200.00	400.00	130.00	200.00	1930.00	30.00	41.00	120.00	1739.00
人事部	王子奇	1200.00	400.00	30.00	200.00	1830.00	15.00	44.00	120.00	1651.00
后勤部	王宏伟	1000.00	400.00	30.00	200.00	1630.00	0.00	42.00	120.00	1468.00
财务部	周松	1300.00	400.00	40.00	200.00	1940.00	60.00	50.00	120.00	1710.00
后勤部	孙飞	1000.00	400.00	50.00	200.00	1650.00	60.00	48.00	120.00	1422.00
保安部	赵阳	1000.00	400.00	100.00	200.00	1700.00	15.00	46.00	0.00	1639.00
保安部	曾艳芳	1000.00	400.00	40.00	200.00	1640.00	60.00	39.00	120.00	1421.00
财务部	金立	1300.00	400.00	60.00	200.00	1960.00	30.00	40.00	120.00	1770.00
后勤部	王芳	1000.00	400.00	40.00	200.00	1640.00	50.00	42.00	0.00	1548.00
商品部	肖杰	1200.00	400.00	70.00	200.00	1870.00	0.00	40.00	120.00	1710.00
出纳部	刘颖	1400.00	400.00	40.00	200.00	2040.00	30.00	40.00	120.00	1850.00
统计部	杨洋	1400.00	400.00	80.00	200.00	2080.00	30.00	47.00	120.00	1883.00
出纳部	田超	1400.00	400.00	40.00	200.00	2040.00	30.00	47.00	120.00	1843.00
商品部	邹恒	1500.00	400.00	40.00	200.00	2140.00	0.00	55.00	0.00	2085.00
商品部	宋欢	1500.00	400.00	100.00	200.00	2200.00	0.00	36.00	120.00	2044.00
平均值		1226.67	400.00	59.33	200.00	1886.00	27.33	43.80	96.00	1718.87
总计		18400.00	6000.00	890.00	3000.00	28290.00	410.00	657.00	1440.00	25783.00

图 4.2.27　公司职员工资表效果图

操作提示：

（1）打开"拓展 2_2.xlsx"文档。

（2）请用函数 SUM 计算出应发工资。

（3）请用公式计算出实发工资，其中实发工资=应发工资-旷工-水电费-房租费。

（4）请用函数计算出第 18 行的平均值和第 19 行的总计结果。

（5）将加班费小于 50，旷工扣款大于 50，实发工资大于 2000 的单元格用"红色"背景进行填充。

【案例小结】

通过以上案例的学习，读者掌握了应用 Excel 软件的公式和函数进行汇总、统计，数据格式的设置、条件格式的应用，能利用排序实现显示数据的降序或者升序的排列，灵活使用条件格式突出显示数据结果。

案例 3　数据分析与处理

【学习目标】

（1）在 Excel 中利用自动筛选和高级筛选显示满足条件的数据行。
（2）利用分类汇总来分类统计某些字段的汇总函数值。
（3）利用数据透视表简便、快速地重新组织和统计数据。

【案例分析】

某高校对英语成绩按条件查询，分析并获得同学们的学习效果。处理数据时所要用到的功能主要有：自动筛选、高级筛选、分类汇总。样表如图 4.3.1 所示。

	A	B	C	D	E	F
1	英语成绩表					
2	姓名	性别	系部	听力	口语	作文
5	张玲玲	女	机械系	77	78	57
6	高海	男	机械系	77	88	85
7	任勇	男	机械系	76	87	74
8	李朝	男	计算机系	78	82	78
9	江峰	男	计算机系	88	80	85
10	赵丽娟	女	计算机系	78	87	75
11	杨洋	女	汽车系	78	96	65
12	王硕	男	汽车系	92	85	73

图 4.3.1　案例效果图

【解决方案】

在 Excel 中，打开"案例 3-1.xlsx"工作簿。该工作簿"Sheet1"工作表中为某高校英语课程的原始数据。

1. 数据筛选

数据筛选功能是指只显示数据清单中符合条件的记录，那些不满足条件的记录暂时被隐藏起来。筛选是一种用于查找数据清单中数据的快速方法。在 Excel 中提供了"自动筛选"和"高级筛选"两种方法来筛选数据。

"自动筛选"：可以实现较简单的筛选功能。一般情况下，"自动筛选"就能够满足大部分的需要。

"高级筛选"：用户设定的筛选条件很复杂，这时就需要使用高级筛选。

（1）自动筛选操作。

1）将数据表设置为自动筛选状态。

自动筛选具有较简单的筛选功能，通过它可以快速地访问大量数据，从中选出并显示满足条件的记录。

2）单击数据清单的任意一个单元格。

3）打开"数据"选项卡，在"排序和筛选"组中单击"筛选"按钮，在数据清单的每个字段的右侧出现一个如图 4.3.2 所示的下三角按钮，单击任意一个向下箭头，会出现如图 4.3.3所示的选项：升序、降序、按颜色排序、按颜色筛选和数字筛选。

	A	B	C	D	E	F
1	英语成绩表					
2	姓名 ▼	性别 ▼	系部 ▼	听力 ▼	口语 ▼	作文 ▼
3	李朝	男	计算机系	78	82	78
4	刘梅	女	电子系	84	68	74
5	张玲玲	女	机械系	77	78	57
6	杨洋	女	汽车系	78	96	65
7	江峰	男	计算机系	88	80	85
8	高海	男	机械系	77	88	85
9	赵丽娟	女	计算机系	78	87	75
10	王硕	男	汽车系	92	85	73
11	许颖	女	电子系	75	87	84
12	任勇	男	机械系	76	87	74

图 4.3.2 筛选出满足条件的记录

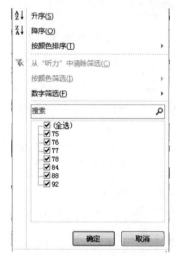

图 4.3.3 筛选条件

4）填入选项后单击"确定"按钮，即可筛选出满足条件的记录。

（2）查看计算机系学生的英语成绩情况。

1）打开"数据"选项卡，在"排序和筛选"组中单击"筛选"按钮，在数据清单的每个字段的右侧出现下拉箭头。

2）单击"系部"的下拉箭头，去掉"全选"前面的√，勾选计算机系，单击"确定"按钮即可实现操作，如图 4.3.4 所示。

	A	B	C	D	E	F
1	英语成绩表					
2	姓名 ▼	性别 ▼	系部 ▼	听力 ▼	口语 ▼	作文 ▼
3	李朝	男	计算机系	78	82	78
7	江峰	男	计算机系	88	80	85
9	赵丽娟	女	计算机系	78	87	75

图 4.3.4 筛选的结果

（3）查看计算机系口语成绩在 80 分和 90 分（不包括 80 分和 90 分）之间的情况。

1）单击"系部"字段的下拉箭头，选择计算机系，操作同上。

2）单击"口语"字段的下拉箭头，在弹出的下拉列表中选择"数字筛选"|"介于"选项，弹出"自定义自动筛选方式"对话框，如图 4.3.5 所示。

图 4.3.5　"自定义自动筛选方式"对话框

3）在"自定义自动筛选方式"对话框中设置"口语"字段的筛选条件为"大于 80"与"小于 90"，如图 4.3.5 所示。

4）单击"确定"按钮，即可筛选出满足条件的记录，如图 4.3.6 所示。

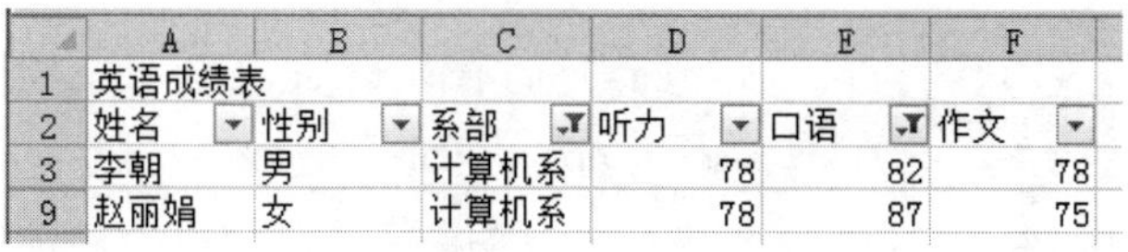

	A	B	C	D	E	F
1	英语成绩表					
2	姓名	性别	系部	听力	口语	作文
3	李朝	男	计算机系	78	82	78
9	赵丽娟	女	计算机系	78	87	75

图 4.3.6　自定义自动筛选结果

（4）查询姓名中包含"刘"字同学的英语成绩。

1）先取消自动筛选，直接单击"数据"选项卡|"排序和筛选"组|"筛选"按钮，即可显示所有数据。

2）再次单击"筛选"按钮。

3）单击"姓名"字段的下拉箭头，在弹出的下拉列表中选择"文本筛选"|"包含"选项，弹出"自定义自动筛选方式"对话框，如图 4.3.7 所示。

图 4.3.7　"自定义自动筛选方式"对话框

4）在"自定义自动筛选方式"对话框中设置"姓名"字段的筛选条件为"包含刘"，如图 4.3.7 所示。

5）单击"确定"按钮，即可筛选出满足条件的记录，如图 4.3.8 所示。

	A	B	C	D	E	F
1	英语成绩表					
2	姓名 ▾	性别 ▾	系部 ▾	听力 ▾	口语 ▾	作文 ▾
4	刘梅	女	电子系	84	68	74

图 4.3.8　自定义自动筛选结果

2. 高级筛选操作

在实际应用中，常常涉及到更为复杂的筛选条件，此时利用自动筛选有很多局限，甚至无法完成，这时就需要使用高级筛选。

高级筛选一次就将所有条件全部指定，然后在数据清单中找出满足这些条件的记录。它在本质上与自动筛选并无区别，但可以在筛选之前将筛选条件定义在工作表另外的单元格区域中，这些放置筛选条件的单元格区域称为条件区域，利用筛选条件区域的条件，用户便能一次性地将满足多个条件的记录筛选出来。

高级筛选是一种快速高效的筛选方法，它既可将筛选出的结果在源数据清单处显示出来，也可以把筛选出的结果放在另外的单元格区域之中。

（1）只显示机械系、计算机系的英语成绩情况。

1）在 G2:G4 单元格区域设置筛选条件，该条件区域至少为两行，第一行为字段名行，以下各行为相应的条件值，如图 4.3.9 所示。

	A	B	C	D	E	F	G
1	英语成绩表						
2	姓名	性别	系部	听力	口语	作文	系部
3	李朝	男	计算机系	78	82	78	机械系
4	刘梅	女	电子系	84	68	74	计算机系
5	张玲玲	女	机械系	77	78	57	
6	杨洋	女	汽车系	78	96	65	
7	江峰	男	计算机系	88	80	85	
8	高海	男	机械系	77	88	85	
9	赵丽娟	女	计算机系	78	87	75	
10	王硕	男	汽车系	92	85	73	
11	许颖	女	电子系	75	87	84	
12	任勇	男	机械系	76	87	74	

图 4.3.9　设置筛选条件

2）打开"数据"选项卡，在"排序和筛选"组中单击"高级"按钮 ，打开"高级筛选"对话框，如图 4.3.10 所示。

图 4.3.10　"高级筛选"对话框

3）在该对话框中"方式"选项区，根据需要选择相应的选项：

①"在原有区域显示筛选结果"：选择该单选按钮，则筛选结果显示在原数据清单位置（此例选择此项）。

②"将筛选结果复制到其他位置"：选择该单选按钮，则筛选后的结果将显示在另外的区域，与原工作表并存，但需要在"复制到"文本框中指定区域。

③在"列表区域"文本框中输入要筛选的数据，可以直接在该文本框中输入区域引用；也可以用鼠标在工作表中选定数据区域。

④在"条件区域"文本框中输入含筛选条件的区域，可以直接在该文本框中输入区域引用；也可以用鼠标在工作表中选定数据区域。

⑤如果要筛选掉重复的记录，则应选中"选择不重复的记录"复选框。

4）单击"确定"按钮，高级筛选结果如图 4.3.11 所示。

	A	B	C	D	E	F	G
1	英语成绩表						
2	姓名	性别	系部	听力	口语	作文	系部
3	李朝	男	计算机系	78	82	78	机械系
5	张玲玲	女	机械系	77	78	57	
7	江峰	男	计算机系	88	80	85	
8	高海	男	机械系	77	88	85	
9	赵丽娟	女	计算机系	78	87	75	
12	任勇	男	机械系	76	87	74	

图 4.3.11　高级筛选结果

提示：若要重新显示工作表的全部数据内容，则在"数据"选项卡|"排序和筛选"组中单击"清除"按钮即可。

（2）筛选出计算机系口语成绩在 85 分以上（不包含 85 分）的英语成绩情况。

1）对于单一条件设置可以在条件范围的第一行输入字段名，第二行输入匹配的值">85"，如图 4.3.12 所示。

	A	B	C	D	E	F	G	H
1	英语成绩表							
2	姓名	性别	系部	听力	口语	作文	系部	口语
3	李朝	男	计算机系	78	82	78	计算机系	>85
4	刘梅	女	电子系	84	68	74		
5	张玲玲	女	机械系	77	78	57		
6	杨洋	女	汽车系	78	96	65		
7	江峰	男	计算机系	88	80	85		
8	高海	男	机械系	77	88	85		
9	赵丽娟	女	计算机系	78	87	75		
10	王硕	男	汽车系	92	85	73		
11	许颖	女	电子系	75	87	84		
12	任勇	男	机械系	76	87	74		

图 4.3.12　单一条件设置

2）打开"数据"选项卡，在"排序和筛选"组中单击"高级"按钮 ，打开"高级筛选"对话框，如图 4.3.13 所示。

图 4.3.13　"高级筛选"对话框

3）设置相应选项后单击"确定"按钮，结果如图 4.3.14 所示。

	A	B	C	D	E	F	G	H
1	英语成绩表							
2	姓名	性别	系部	听力	口语	作文	系部	口语
9	赵丽娟	女	计算机系	78	87	75		

图 4.3.14　"高级筛选"结果

（3）筛选出计算机系口语和作文都在 80 分以上（包括 80 分）英语成绩情况。

如果筛选条件有若干个，而且条件之间的关系是"与"运算，需要将多个条件的值分别写在同一行上。筛选条件设置如图 4.3.15 所示（条件写在同一行上），筛选结果如图 4.3.16 所示。

G	H	I
系部	口语	作文
计算机系	>=80	>=80

图 4.3.15　含有"与"的高级筛选条件

	A	B	C	D	E	F
1	英语成绩表					
2	姓名	性别	系部	听力	口语	作文
7	江峰	男	计算机系	88	80	85

图 4.3.16　含有"与"条件的高级筛选结果

（4）筛选出计算机系口语或作文都在 80 分以上（包括 80 分）英语成绩情况。

如果筛选条件有若干个，且条件之间的关系是"或"运算，需要将多个条件的值分别写在不同的行上。筛选条件设置如图 4.3.17 所示（条件写在不同行上），筛选结果如图 4.3.18 所示。

G	H	I
系部	口语	作文
计算机系	>=80	
计算机系		>=80

图 4.3.17　含有"或"的高级筛选条件

	A	B	C	D	E	F	G	H	I
1	英语成绩表								
2	姓名	性别	系部	听力	口语	作文	系部	口语	作文
3	李朝	男	计算机系	78	82	78	计算机系	>=80	
7	江峰	男	计算机系	88	80	85			
9	赵丽娟	女	计算机系	78	87	75			

图 4.3.18　含有"或"条件的高级筛选结果

3. 分类汇总

在实际工作中，人们常常需要把众多的数据分类汇总，使得这些数据能提供更加清晰的信息。例如，在电脑公司的销售表中，通常需要知道每种产品的销售数量、销售额；在公司每月发放工资时，需要知道各个部门的总工资额、平均工资情况等。Excel 提供了该项功能，可以自动对数据项进行分类汇总。

分类汇总和分级显示是 Excel 中密不可分的两个功能。在进行数据汇总的过程中，常常需要对工作表中的数据进行人工分级，这样就可以更好地将工作表中的明细数据显示出来。

分类汇总的方式有很多，有求和、计数、求平均值等，需要指出的是：在分类汇总之前首先应对数据清单排序。

（1）按系部分别统计英语成绩表中三门课的平均成绩。

1）对分类汇总的字段进行排序：本例需求"系部"的平均成绩，因而分类汇总的字段是"系部"，按照系部升序（或降序）进行排序，使得同一系部的记录排在一起，结果如图 4.3.19 所示。

▲	A	B	C	D	E	F
1	英语成绩表					
2	姓名	性别	系部	听力	口语	作文
3	刘梅	女	电子系	84	68	74
4	许颖	女	电子系	75	87	84
5	张玲玲	女	机械系	77	78	57
6	高海	男	机械系	77	88	85
7	任勇	男	机械系	76	87	74
8	李朝	男	计算机系	78	82	78
9	江峰	男	计算机系	88	80	85
10	赵丽娟	女	计算机系	78	87	75
11	杨洋	女	汽车系	78	96	65
12	王硕	男	汽车系	92	85	73

图 4.3.19　按照"系部"进行"升序"排序

2）单击数据中的任一单元格，在"数据"选项卡的"分级显示"组中，单击"分类汇总"按钮，打开"分类汇总"对话框，如图 4.3.20 所示。

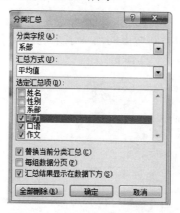

图 4.3.20　"分类汇总"对话框

①在"分类字段"下拉框中选择所需字段作为分类汇总的依据，分类字段必须此前已经排序，在此选择"系部"。

②在"汇总方式"的下拉框中，选择所需的统计函数，有求和、平均值、最大值和计数等多种函数，在此选择"平均值"。

③在"选定汇总项"列表框中，选中需要对其汇总计算的字段前面的复选框，此处选"口语""听力"和"作文"三个字段。

④"替换当前分类汇总"复选框，表示按本次分类要求进行汇总；"每组数据分页"复选框，表示每一类分页显示；"汇总结果显示在数据下方"复选框，表示将分类汇总数放在数据

表的最后一行。

3）单击"确定"按钮，即可得到分类汇总结果，调整"平均值"的小数位为 2 位，如图 4.3.21 所示。

1 2 3		A	B	C	D	E	F
	1	英语成绩表					
	2	姓名	性别	系部	听力	口语	作文
	3	刘梅	女	电子系	84.00	68.00	74.00
	4	许颖	女	电子系	75.00	87.00	84.00
	5			电子系 平均值	79.50	77.50	79.00
	6	张玲玲	女	机械系	77.00	78.00	57.00
	7	高海	男	机械系	77.00	88.00	85.00
	8	任勇	男	机械系	76.00	87.00	74.00
	9			机械系 平均值	76.67	84.33	72.00
	10	李朝	男	计算机系	78.00	82.00	78.00
	11	江峰	男	计算机系	88.00	80.00	85.00
	12	赵丽娟	女	计算机系	78.00	87.00	75.00
	13			计算机系 平均值	81.33	83.00	79.33
	14	杨洋	女	汽车系	78.00	96.00	65.00
	15	王硕	男	汽车系	92.00	85.00	73.00
	16			汽车系 平均值	85.00	90.50	69.00
	17			总计平均值	80.30	83.80	75.00

图 4.3.21　分类汇总结果图

为了方便查看数据，可将分类汇总后暂时不需要使用的数据隐藏起来，减小界面的占用空间，只需单击分类汇总工作表左边列表树中的 ▬ 按钮即可。当需要查看隐藏的数据时，可再将其显示，此时只需单击分类汇总工作表左边列表树中的 ✚ 按钮即可。

提示：若要删除分类汇总，则可在"分类汇总"对话框中单击"全部删除"按钮即可。

【拓展案例】

某调研公司需对不同地区和不同城市的消费水平进行调查。处理数据时所要用到的功能主要为：数据透视表。样表如图 4.3.22 所示。

	A	B	C	D	E	F
3		列标签				
4	行标签	东北	华北	华东	西北	总计
5	哈尔滨					
6	最大值项:服装	98.3				98.3
7	最大值项:食品	90.2				90.2
8	最大值项:消费总水平	376.3				376.3
9	最大值项:日常生活用品	92.1				92.1
10	最大值项:耐用消费品	95.7				95.7
11	济南					
12	最大值项:服装			93.3		93.3
13	最大值项:食品			85		85
14	最大值项:消费总水平			362		362
15	最大值项:日常生活用品			93.6		93.6
16	最大值项:耐用消费品			90.1		90.1
17	兰州					
18	最大值项:服装				87.7	87.7
19	最大值项:食品				83	83
20	最大值项:消费总水平				343.3	343.3
21	最大值项:日常生活用品				87.6	87.6
22	最大值项:耐用消费品				85	85
23	南京					
24	最大值项:服装			97		97
25	最大值项:食品			87.35		87.35
26	最大值项:消费总水平			373.4		373.4
27	最大值项:日常生活用品			95.5		95.5
28	最大值项:耐用消费品			93.55		93.55
29	沈阳					
30	最大值项:服装	97.7				97.7
31	最大值项:食品	89.5				89.5
32	最大值项:消费总水平	371.5				371.5
33	最大值项:日常生活用品	91				91
34	最大值项:耐用消费品	93.3				93.3

图 4.3.22　案例效果图

操作步骤：

（1）在 Excel 中，打开"案例 3-2.XLS"工作簿。该工作簿"Sheet1"中为不同地区和城市的消费统计原始数据。

（2）数据透视表创建。数据透视表是一种对大量数据快速汇总、且建立交叉列表的交互式工作表，它集合了排序、筛选和分类汇总的功能，用于对已有的数据清单中的数据进行汇总和分析，使用户简便、快速地在数据清单中重新组织和统计数据。原始数据如图 4.3.23 所示。

	A	B	C	D	E	F	G
1	大中城市人均消费统计表						
2	地区	城市	食品	服装	日常生活用品	耐用消费品	消费总水平
3	东北	沈阳	89.5	97.7	91	93.3	371.5
4	东北	哈尔滨	90.2	98.3	92.1	95.7	376.3
5	东北	长春	85.2	96.7	91.4	93.3	366.6
6	华北	天津	84.3	93.3	89.3	90.1	357
7	华北	唐山	82.7	92.3	89.2	87.3	351.5
8	华北	郑州	84.4	93	90.9	90.07	358.37
9	华北	石家庄	82.9	92.7	89.1	89.7	354.4
10	华东	济南	85	93.3	93.6	90.1	362
11	华东	南京	87.35	97	95.5	93.55	373.4
12	西北	西安	85.5	89.76	88.8	89.9	353.96
13	西北	兰州	83	87.7	87.6	85	343.3

图 4.3.23　原始数据

1）单击数据清单中的任一单元格，打开"插入"选项卡，在"表格"组中单击"数据透视表"按钮，在弹出的下拉列表中选择"数据透视表"选项，打开"创建数据透视表"对话框，如图 4.3.24 所示。

图 4.3.24　"创建数据透视表"对话框

2）在"请选择要分析的数据"组中，选中"选择一个表或区域"单选按钮，然后单击"表/区域"后的▦，选定数据区域：A2:G13 单元格区域；在"选择放置数据透视表的位置"选项区域中选中"新工作表"按钮，如图 4.3.24 所示。

3）单击"确定"按钮，此时在工作簿中添加一个新工作表，同时插入数据透视表，并将新工作表命名为"数据透视表"，如图 4.3.25 所示。

4）在创建的"数据透视表"中，右侧显示"数据透视表字段列表"窗口，将"城市"字段拖放到"行标签"区域中，"地区"拖放到"列标签"区域中，将"地区"下面的"数值"拖放到"行标签"区域中，将"食品""服装""日常生活用品""耐用消费品"拖放到"数值"

区域中，如图 4.3.26 所示。

图 4.3.25　创建数据透视表

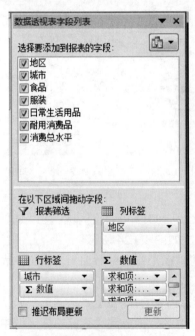

图 4.3.26　数据透视表设置

5）要求透视表每页按最大值统计消费数据，因此汇总方式应选择"最大值"，在此右击"求和项：食品"，选择"值字段设置"命令，弹出"值字段设置"对话框，如图 4.3.27 所示。

图 4.3.27　"值字段设置"对话框

6）在"值字段设置"对话框的"选择用于汇总所选字段数据的计算类型"区域选择"最大值"。最终效果如图 4.3.28 所示。

行标签	列标签				
	东北	华北	华东	西北	总计
哈尔滨					
最大值项:服装	98.3				98.3
最大值项:食品	90.2				90.2
最大值项:消费总水平	376.3				376.3
最大值项:日常生活用品	92.1				92.1
最大值项:耐用消费品	95.7				95.7
济南					
最大值项:服装			93.3		93.3
最大值项:食品			85		85
最大值项:消费总水平			362		362
最大值项:日常生活用品			93.6		93.6
最大值项:耐用消费品			90.1		90.1
兰州					
最大值项:服装				87.7	87.7
最大值项:食品				83	83
最大值项:消费总水平				343.3	343.3
最大值项:日常生活用品				87.6	87.6
最大值项:耐用消费品				85	85
南京					
最大值项:服装			97		97
最大值项:食品			87.35		87.35
最大值项:消费总水平			373.4		373.4
最大值项:日常生活用品			95.5		95.5
最大值项:耐用消费品			93.55		93.55
沈阳					
最大值项:服装	97.7				97.7
最大值项:食品	89.5				89.5
最大值项:消费总水平	371.5				371.5
最大值项:日常生活用品	91				91
最大值项:耐用消费品	93.3				93.3

图 4.3.28　数据透视表

提示： 在选择数据透视表位置时，若要将数据透视表放置在新工作表中，并以单元格 A1 为起始位置，单击"新工作表"；若要将数据透视表放置在现有工作表中，选择"现有工作表"，然后在"位置"框中指定放置数据透视表的单元格区域的第一个单元格。

【拓展训练】

对某建筑公司全年销售盈利统计表中的数据进行筛选和分类汇总，效果图如图 4.3.29 所示。

1 2 3	A	B	C	D	E	F
1			某建筑公司全年销售盈利统计表			
2	销售月份	产品名称	销售地区	销售价	成本价	盈利
3	7月	塑料	东北	2183	1200	983
4	9月	钢材	东北	1324	950	374
5	10月	塑料	东北	2850	1000	1850
6			东北 平均值			1069
7	5月	木材	华北	1800	1150	650
8	8月	木材	华北	1355	1150	205
9			华北 平均值			427.5
10	2月	钢材	华南	1540	950	590
11	3月	木材	华南	2678	1150	1528
12			华南 平均值			1059
13	1月	塑料	西北	2324	1200	1124
14	11月	钢材	西北	2013	950	1063
15	12月	钢材	西北	1350	950	400
16			西北 平均值			862.3333
17	4月	木材	西南	2220	1150	1070
18	6月	钢材	西南	1902	950	952
19			西南 平均值			1011
20			总计平均值			899.0833

图 4.3.29 拓展训练效果图

操作提示：

（1）打开"拓展 3_1.xlsx"文档。

（2）筛选出销售价格>=2000 的所有商品。

（3）筛选出成本价<1000 的所有商品。

（4）筛选出西北地区销售价<2000 并且盈利<1000 的所有产品。

（5）筛选出东北地区销售价>2000 或者盈利>1000 的所有产品。

（6）按照地区升序排序，以盈利的平均值进行分类汇总。

（7）将"销售地区"字段拖放到"行标签"区域中，"产品名称"拖放到"列标签"区域中，对"成本价""盈利"的总和进行计算。效果如图 4.3.30 所示。

行标签	钢材	木材	塑料	总计
东北				
求和项:成本价	950		2200	3150
求和项:盈利	374		2833	3207
华北				
求和项:成本价		2300		2300
求和项:盈利		855		855
华南				
求和项:成本价	950	1150		2100
求和项:盈利	590	1528		2118
西北				
求和项:成本价	1900		1200	3100
求和项:盈利	1463		1124	2587
西南				
求和项:成本价	950	1150		2100
求和项:盈利	952	1070		2022
求和项:成本价汇总	4750	4600	3400	12750
求和项:盈利汇总	3379	3453	3957	10789

图 4.3.30 数据透视表效果图

【案例小结】

通过以上案例的学习，读者掌握了在 Excel 中利用自动筛选和高级筛选显示满足条件的数据行，利用分类汇总来分类统计某些字段的汇总函数值，利用数据透视表简便、快速地重新组织和统计数据。

案例 4　制作产品销售图

【学习目标】

（1）学会图表的创建方法。
（2）学会图表的编辑。
（3）能灵活地构造和使用图表来满足各种数据结果的显示要求。

【案例分析】

该公司销售部每个季度需要根据产品销售情况，生成一个直观的产品销售图，利用图形直观查看每个产品的销售情况。样图如图 4.4.1 所示。

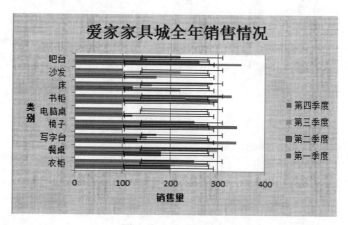

图 4.4.1　案例效果图

【解决方案】

在 Excel 中，打开"案例 4.xlsx"工作簿。该工作簿"Sheet1"中为该公司每个季度的各种产品销售统计数据，如图 4.4.2 所示。

1. 使用默认图表类型创建柱状图表

图表是分析数据最直观的方式，这是因为图形可以比数据更加清晰易懂，它表示的含义更加形象直观，并且易于通过图表直接了解到数据之间的关系，分析预测数据的变化趋势。Excel 2010 提供了强大的用图形表示数据的功能，可以将工作表中的数据自动生成各种类型的图表，且各种图表之间可以方便地转换。

	A	B	C	D	E
1	爱家家具城全年销售情况表（万元）				
2	名称	第一季度	第二季度	第三季度	第四季度
3	衣柜	200	200	280	250
4	餐桌	180	180	300	310
5	写字台	340	130	150	170
6	椅子	100	340	280	250
7	电脑桌	120	100	100	100
8	书柜	100	300	230	330
9	床	220	120	160	290
10	沙发	170	100	220	100

图 4.4.2　案例原始数据表

在工作表上选定用于生成图表的数据，例如图 4.4.2 所示的是"爱家家具城全年销售情况表"的数据；按"F11"键生成如图 4.4.3 所示的默认类型图表工作表，它是一张单独的工作表（在工作簿中生成 Chart1 的工作表）。

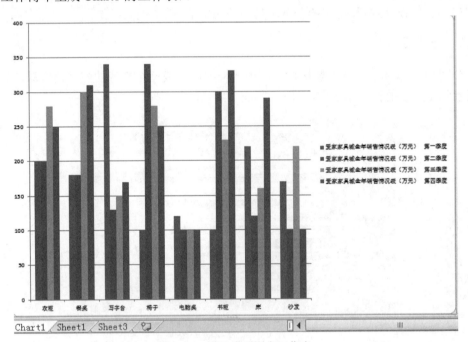

图 4.4.3　默认类型图表工作表

2．创建基本图表

在 Excel 2010 中，可根据已有的数据建立一个标准类型或自定义类型的图表，在图表创建完成后，仍然可以修改其各种属性，以使整个图表更趋于完善。

（1）插入图表。

1）选择用于创建图表的工作表数据（即 A2:E10 单元格区域）。

2）在"插入"选项卡的"图表"组中单击"柱形图"按钮，单击"二维柱形图"选项区域中的"簇状柱形图"样式，如图 4.4.4 所示；若要查看所有可用的图表类型，单击"图表"组右下角图标，弹出如图 4.4.5 所示的"插入图表"对话框，浏览图表类型选中后单击"确定"按钮。

图 4.4.4 图表类型

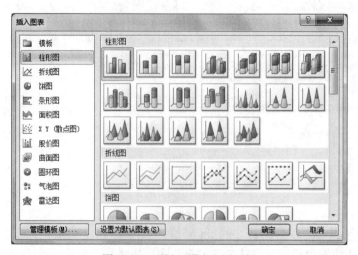

图 4.4.5 "插入图表"对话框

3）此时二维簇状柱形图将插入到工作表中，如图 4.4.6 所示。

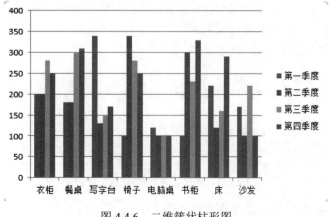

图 4.4.6 二维簇状柱形图

（2）确定图表位置。

1）嵌入图表。嵌入图表是数据源和图表在同一工作表中的图表。当要在一个工作表中查看或打印图表、数据透视图及其源数据等信息时使用此类型。默认情况下，图表作为嵌入图表放在工作表中。

2）图表工作表。图表工作表是工作簿中只包含图表的工作表。当单独查看图表或数据透视图时使用此类图表。

如果需要将图表放在单独的图表工作表中，更改嵌入图表的位置可单击嵌入图表中的任何位置以将其激活，单击"图表工具"|"设计"选项卡|"位置"组|"移动图表"，弹出如图4.4.7 所示的"移动图表"对话框，在"选择放置图表的位置"选项中单击"新工作表"并为工作表命名，图表即移动到新的工作表中。

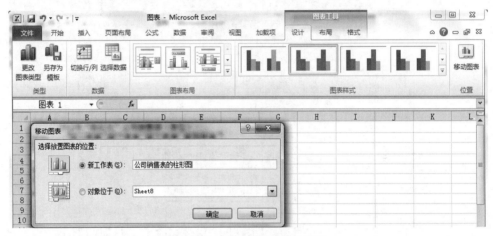

图 4.4.7　"移动图表"对话框

3．图表的编辑

选择一个能够充分表现数据特征的最佳图表类型，有助于更清晰地反映数据的差异和变化，有益于从这些数据中获取尽可能多的信息。图表生成后，如果觉得不够理想，可以对其进行更改。这些图表和原数据表之间有一种动态的联系，当修改工作表的数据时，这些图表都会随之发生变换，反之亦然。

图表创建完成后，Excel 2010 会自动打开"图表工具"的"设计""布局"和"格式"选项卡，如图 4.4.8 所示，在其中可以设置图表类型、图表位置和大小、图表样式和图表布局等参数，还可以为图表添加趋势线或误差线。

图 4.4.8　"图表工具"|"布局"选项卡

（1）更改图表类型。当创建的图表类型不合适或无法确切地展现工作表数据所包含的信息的时候，需要更改图表类型。将公司销售表的"二维簇状柱形图"更改为"条形图"。

1）单击如图 4.4.6 所示的"二维簇状柱形图"，使之处于激活状态。

2）在打开"图表工具"的"设计"选项卡，在"类型"组中单击"更改图表类型"按钮，弹出"更改图表类型"对话框，如图 4.4.9 所示。

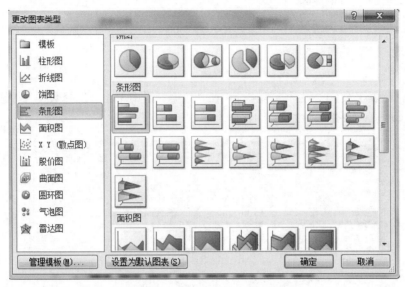

图 4.4.9　"更改图表类型"对话框

3）在"更改图表类型"对话框左侧的"类型"列表框中选择"条形图"，然后在右侧的"样式"列表框中选择"簇状条形图"样式，单击"确定"按钮，即可将图表类型更改为条形图，如图 4.4.10 所示。

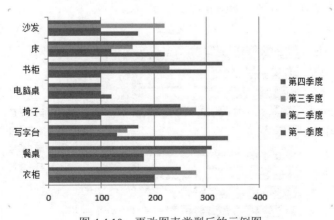

图 4.4.10　更改图表类型后的示例图

（2）更新数据图表。在创建图表后，往往有行或列要添加或删除，需要在原有的图表上体现出来。

1）在原数据表中增加一行吧台的销售情况数据，如图 4.4.11 所示。

2）单击要更新数据的图表，使之处于激活的状态。

	A	B	C	D	E
1	爱家家具城全年销售情况表（万元）				
2	名称	第一季度	第二季度	第三季度	第四季度
3	衣柜	200	200	280	250
4	餐桌	180	180	300	310
5	写字台	340	130	150	170
6	椅子	100	340	280	250
7	电脑桌	120	100	100	100
8	书柜	100	300	230	330
9	床	220	120	160	290
10	沙发	170	100	220	100
11	吧台	350	260	150	220

图 4.4.11　添加数据的公司销售表

3）打开"图表工具"|"设计"选项卡，在"数据"组中单击"选择数据"按钮，弹出"选择数据源"对话框，如图 4.4.12 所示。

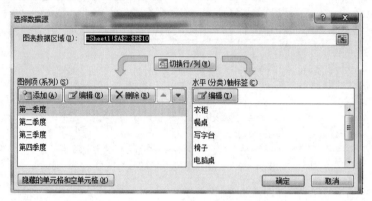

图 4.4.12　"选择数据源"对话框

4）在"图表数据区域"选择添加了吧台销售情况的数据区域，单击"确定"按钮，吧台的销售情况即在图表中显示出来，如图 4.4.13 所示。

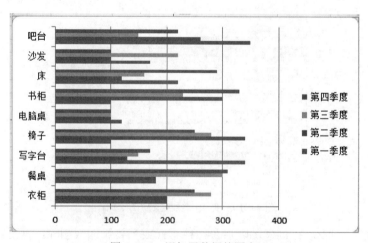

图 4.4.13　添加了数据的图表

（3）删除数据：如果要删除相应的数据，最简单的方法是在原有工作表上删除该行，然后按添加数据类似方法操作；如果只想修改图表上的系列，原工作表不变，只要选定所需删除的数据系列，按"Delete"键即可把整个数据系列从图表中删除。

4．图表布局

Excel 2010 提供了多种预定义布局供用户选择，也可以手动更改各个图表元素的布局。

（1）应用预定义图表布局。

选中如图 4.4.13 所示的图表区的任意位置，在"图表工具"的"设计"选项卡中单击"图表布局"组的"快速布局"按钮，在弹出的"快速布局库"列表中可选择预设好的图表布局，如图 4.4.14 所示。

图 4.4.14　快速布局

（2）手动更改图表元素的布局。在"图表工具"|"布局"选项卡中可以手动设置图表的标签、坐标轴、背景等参数。

1）选定图表区，使之处于激活状态。

2）打开"图表工具"|"布局"选项卡，在"标签"组中单击"图表标题"按钮，从弹出的下拉列表中选择"图表上方"（如图 4.4.15 所示），即在图表上方显示"图表标题"文本框。

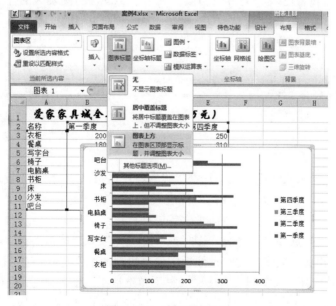

图 4.4.15　添加图表标题

　　3）在"图表标题"文本框中输入文本"爱家家具城全年销售情况"。

　　4）打开"图表工具"|"布局"选项卡，在"标签"组选择"坐标轴标题"，在"主要横坐标轴标题"中选择"坐标轴下方标题"，在"主要纵坐标轴标题"中选择"竖排标题"，弹出"横坐标轴标题""纵坐标轴标题"文本框，分别输入"销售量""类别"，即可在图表中添加横、纵坐标轴标题，效果如图 4.4.16 所示。

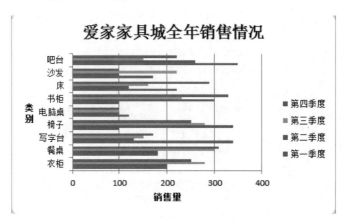

图 4.4.16　设置图表布局的效果图

　　5）打开"图表工具"|"布局"选项卡，在"标签"组中单击"图例"按钮，从弹出的下拉列表中可以选择图例的位置（默认在右侧显示图例）。

　　6）此外，还可在"图表工具"|"布局"选项卡|"标签"组，单击"数据标签"按钮，设置数据标签信息；在"图表工具"|"布局"选项卡|"坐标轴"组，设置"坐标轴"和"网格线"等信息。

　　5. 图表样式

　　设置图表样式与设置图表布局方法相似。先选中要设置的图表区的任意位置，在"图表工具"的"设计"选项卡中的"图表样式"组中，单击要使用的图表样式，即可完成预定义图表样式的设置，如图 4.4.17 所示。

图 4.4.17　图表样式

　　右击图表区，从弹出的快捷菜单中选择"设置绘图区格式"，打开"设置绘图区格式"对话框，如图 4.4.18 所示。在此对话框中可对图表区的"填充""边框颜色""边框样式""阴影""发光和柔化边缘""三维格式"和"属性"等进行设置：

　　（1）打开"填充"选项卡，选择"图片或纹理填充"单选按钮，在"纹理"选项区域单击"纹理"下拉按钮 ，从弹出的纹理面板中选择"新闻纸"样式，如图 4.4.18 所示。

　　（2）打开"边框颜色"选项卡，选择"实线"单选按钮，在"颜色"选项区域单击"颜色"下拉按钮 ，从弹出的颜色面板中选择"深蓝，文字 2，淡色 40%"色块，如图 4.4.19 所示。

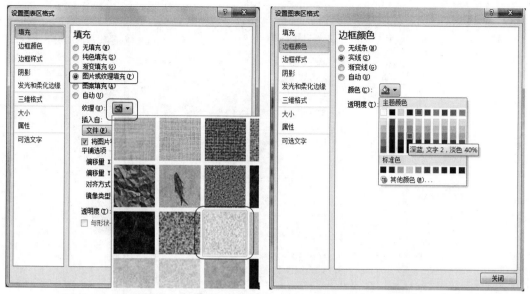

图 4.4.18　"填充"选项卡　　　　　　　图 4.4.19　"边框颜色"选项卡

（3）打开"边框样式"选项卡，设置"宽度"为 3 磅，"复合类型"为由粗到细，"短划线类型"为实线，"线端类型"和"联接类型"为圆形，并且勾选"圆角"复选框，如图 4.4.20 所示。

图 4.4.20　"边框样式"选项卡

（4）打开"发光和柔化边缘"选项卡，在"发光"选项区设置"预设"为"蓝色 8pt 发光 强调文字颜色 1"，在"柔化边缘"选项区设置"大小"为 1 磅，如图 4.4.21 所示。

（5）关于"阴影""三维格式""大小""属性"和"可选文字"设置参照上述方法。

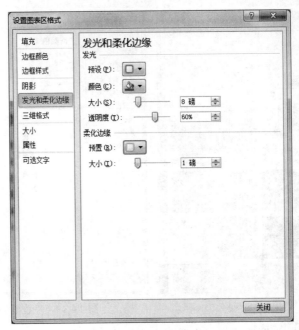

图 4.4.21 "发光和柔化边缘"选项卡

6. 添加误差线

运用图表进行回归分析时，如果需要描绘数据的潜在误差，可以为图表添加误差线。

（1）选中图表，打开"图表工具"的"布局"选项卡，在"分析"组中单击"误差线"按钮，从弹出的下拉列表中选择"标准偏差误差线"，如图 4.4.22 所示，即可添加误差线，得到如图 4.4.23 所示的效果图。

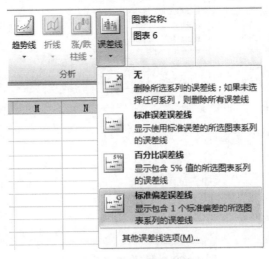

图 4.4.22 添加误差线

（2）在图表的绘图区，单击"第二季度"系列中的误差线，选中该误差线，打开"图表工具"的"格式"选项卡，在"形状样式"组中单击"形状轮廓"按钮，从弹出的"标准色"颜色面板中选择"红色"色块，为误差线填充颜色，如图 4.4.24 所示。

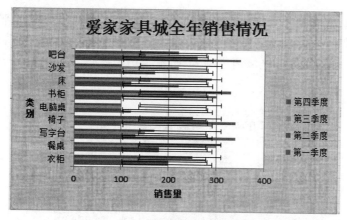

图 4.4.23　添加误差线的效果图

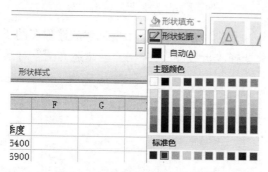

图 4.4.24　设置误差线的填充色

（3）使用同样方法，设置其他系列中的误差线的填充颜色，最终效果图如图 4.4.25 所示。

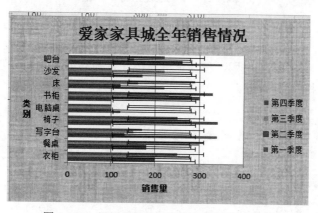

图 4.4.25　设置误差线的填充色的最终效果图

提示： 添加趋势线的方法和添加误差线类似，选中图表，打开"图表工具"的"布局"选项卡，在"分析"组中单击"趋势线"按钮，从弹出的下拉列表中选择一种趋势线样式即可。

7. 迷你图

迷你图是一个微型图表，可提供数据的直观表示，它还可以显示一系列数值的趋势，或者突出显示最大值和最小值。与 Excel 工作表上的图表不同，迷你图不是对象，而是单元格背景中的一个微型图表。此外，在打印包含迷你图的工作表时将会把迷你图也打印出来。

（1）创建迷你图。在"爱家家具城全年销售情况表"创建迷你图，反映每个地区四个季度的销售趋势。操作步骤如下：

1）在 F2 单元格中输入"区域销售额"，如图 4.4.26 所示。选中 F3 单元格，在其中插入相应的迷你图。

	A	B	C	D	E	F
1	爱家家具城全年销售情况表（万元）					
2	名称	第一季度	第二季度	第三季度	第四季度	区域销售额
3	衣柜	200	200	280	250	
4	餐桌	180	180	300	310	
5	写字台	340	130	150	170	
6	椅子	100	340	280	250	
7	电脑桌	120	100	100	100	
8	书柜	100	300	230	330	
9	床	220	120	160	290	
10	沙发	170	100	220	100	
11	吧台	350	260	150	220	

图 4.4.26　增加"区域销售额"

2）在"插入"选项卡的"迷你图"组，单击要创建的迷你图的类型，包括"折线图""柱形图"或"盈亏图"，在此选择"折线图"，弹出"创建迷你图"对话框，如图 4.4.27 所示。

图 4.4.27　"创建迷你图"对话框

3）在"数据范围"选择"B3:E3"单元格区域，在"位置范围"选择"F3"单元格，单击"确定"按钮，即可在 F3 单元格中生成折线迷你图；将鼠标光标置于 F3 右下角，光标变形为"十"（F3 单元格的填充柄），按住鼠标左键向下拖动填充柄，即可生成 F4:F11 单元格区域的迷你图，如图 4.4.28 所示。

	A	B	C	D	E	F
1	爱家家具城全年销售情况表（万元）					
2	名称	第一季度	第二季度	第三季度	第四季度	区域销售额
3	衣柜	200	200	280	250	
4	餐桌	180	180	300	310	
5	写字台	340	130	150	170	
6	椅子	100	340	280	250	
7	电脑桌	120	100	100	100	
8	书柜	100	300	230	330	
9	床	220	120	160	290	
10	沙发	170	100	220	100	
11	吧台	350	260	150	220	

图 4.4.28　迷你折线图

（2）编辑迷你图，对迷你折线图进行编辑。

创建迷你图后，功能区增加"迷你图工具设计"选项卡，该卡上分为多个组："迷你图""类型""显示""样式"和"分组"，使用这些命令可以编辑已创建的迷你图。操作步骤如下：

1）选中 F3 单元格的迷你折线图。

2）打开"迷你图工具设计"选项卡，在"显示"组中选择"高点"和"低点"，则相应的点在图上显示出来；单击在"样式"组中选择迷你图的颜色，如图 4.4.29 所示；此外还可更改迷你图和标记的颜色，以及设置坐标轴。

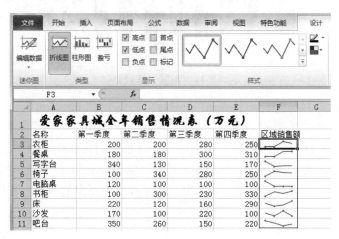

图 4.4.29　编辑迷你图

【拓展案例】

对预算执行情况统计进行图表输出。效果图如图 4.4.30 所示。

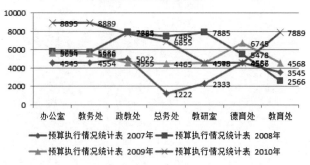

图 4.4.30　拓展案例效果图

操作提示：

（1）打开"拓展 4_1.xlsx"文档。

（2）利用 Sheet1 表格中所有数据，创建一个"带数据标记的折线图"。

（3）在图表上方增加标题，内容为"预算执行情况统计"，字体为黑体，字号为 20 磅。

（4）设置在底部显示图例，上方显示数据标签。

【拓展训练】

对部门销售业绩进行图表输出。效果图如图 4.4.31 所示。

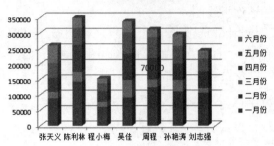

图 4.4.31　拓展训练效果图

操作提示：

（1）打开"拓展 4_2.xlsx"文档。

（2）利用 Sheet1 表格中所有数据，创建一个"部门销售业绩统计"。

（3）在图表上方增加标题，内容为"预算执行情况统计"，字体为宋体，字号为 16 磅。

（4）将周程四月份的数据更改为 70000，从而改变图表中的数据，在图中以红色，12 磅字在相应位置显示。

【案例小结】

通过以上案例的学习，读者掌握了图表的创建方法，学会图表的编辑，能灵活地构造和使用图表来满足各种数据结果的显示要求。

第5章 Visio 应用

Visio 是 Microsoft 公司开发的 Office 系列办公组件之一，是一款专业的办公绘图软件，具有简单性与便捷性等关键特性，是绘制流程图使用率最高的软件之一。它能够帮助我们将自己的思想、设计与最终产品演变成形象化的图像进行传播，同时还可以帮助我们制作出富含信息和吸引力的绘图及模型，让文档变得更加简洁、易于阅读与理解。

案例 制作高考志愿填报流程图

【学习目标】

（1）熟悉 Visio 的工作界面。
（2）了解 Visio 中各种形状的基本作用。
（3）能够运用 Visio 制作流程图。

【案例分析】

目前高考报名已经实现了网上报名，网上填报志愿方便了各位考生，但高考志愿填报流程用语言描述很不直观，为了使广大高考考生能够简单直观明白高考志愿填报流程，我们可以用 Visio 软件绘制"高考志愿填报流程图"，使得考生一看流程图就明白了志愿填报的基本流程。效果如图 5.1.1 所示。

具体要求如下：

高考志愿填报的主要流程，分为登录指定网页、密码登录、填报志愿、核对退出几个步骤，而在这个过程中可能出现是不是首次填报志愿和填报多个批次志愿等问题，一些步骤要重复出现，这就要求在绘制流程图的时候将流程图的三个基本结构搭配使用。

【知识准备】

1. 流程图的定义和作用

（1）流程图的定义。流程图是流经一个系统的信息流、观点流或部件流的图形表示。流程图主要用来说明某一过程。可以是工艺流程，也可以是完成一项任务必需的管理过程，它是展现过程步骤和决策点顺序的图形文档，是将一个过程的步骤通过图形表现出来的一种形式。

（2）流程图的好处。

1）工作中，流程图可以简洁、直观明了地描述整个活动中所有过程的物流、信息流，让人很容易阅读和理解整个业务流程。

2）制作流程图的过程中可以全面了解业务处理的过程。

3）流程图可分析出业务流程的合理性及完整性。

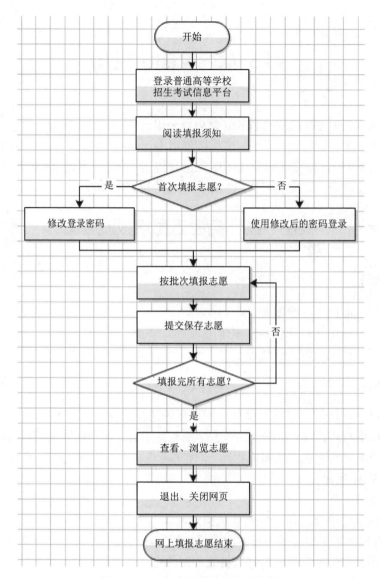

图 5.1.1 "高考志愿填报"流程图

4）对流程不熟悉的人，也能轻而易举地读懂流程图。

2．Visio 工作界面

Visio 和其他 Office 软件一样，都是图形化操作界面，简洁易用。点击装好的 Microsoft Visio 程序，可打开 Visio 的窗口，如图 5.1.2 所示。

（1）"文件"菜单：文件菜单一般针对于文件的操作，如打开、保存、打印等等。启动 Visio 后，会看到"新建"窗口。"新建"窗口中包含可用来创建图表的模板，如图 5.1.3 所示。

（2）快速访问工具栏：默认有"保存""撤消""重复"三个按钮，如果你经常需要用到某个按钮，可右击该按钮，然后点击"添加到快速访问工具栏"，以后在快速访问工具栏就可以快速点击，如图 5.1.4 所示。

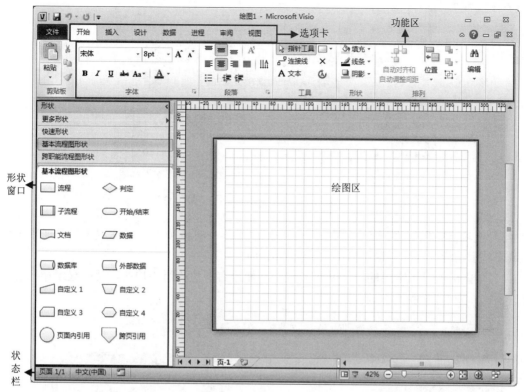

图 5.1.2　Visio 工作界面

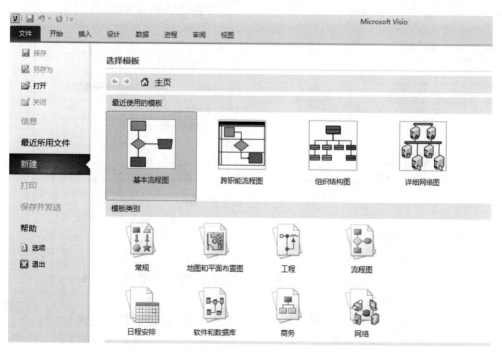

图 5.1.3　"新建"窗口

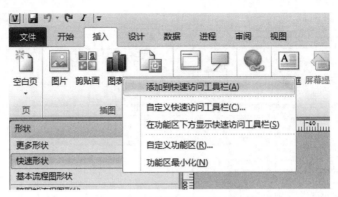

图 5.1.4　添加按钮到快速工具栏

（3）选项卡：包括"开始""插入""设计""数据"等选项卡，鼠标双击任意选项卡可以隐藏或显示功能区，同时也可以用快捷键 Ctrl+F1。

（4）功能区：显示常用的一些命令。点击功能组右下角的箭头按钮，就能显示相应功能的对话框，如图 5.1.5 所示。

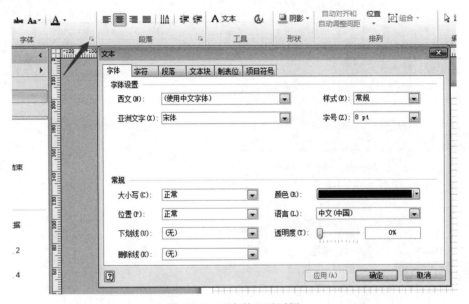

图 5.1.5　"字体"对话框

（5）形状窗口：需要使用到的形状从这个窗口拖动到绘图区。

（6）绘图区：就是工作区，绘图编辑都在这个区域。

（7）状态栏：查看图形信息，可以进行视图切换，也可改变显示大小。

3．流程标准符号语言

要绘制标准的流程图，就要读懂流程的符号语言，常用的流程符号见表 5.1.1。

4．流程图制作基本要求和规范

（1）基本要求：流程图绘制的基本要求包括以下几点。

1）直观易懂，使用的元素要尽可能地少，表达的信息要尽可能地清晰。

表 5.1.1　符号样式及含义

符号	名称	含义
	端点、中断	标准流程的开始与结束，每一流程图只有一个起点
	进程	要执行的处理
	判断	决策或判断
	文档	以文件的方式输入/输出
	流向	表示执行的方向与顺序
	数据	表示数据的输入/输出
	联系	同一流程图中从一个进程到另一个进程的交叉引用
	曲线连接线	两个操作不在一水平线上时，用曲线连接

2）布局清晰，要从上至下、从左至右进行绘图，确保脉络清晰，避免流线交叉。

3）逻辑完整，不要遗漏重要的流程，同时对有描述的流程必须要完整。

4）用户视角，流程图要能够反映用户的真实需求，同时能够符合用户的操作习惯。

（2）制作基本规范。

1）保持字体、字号格式一致。在制作流程图时，所有符号中文字、标题必须使用统一的字体、字号、底色以及格式。如图 5.1.6 所示。

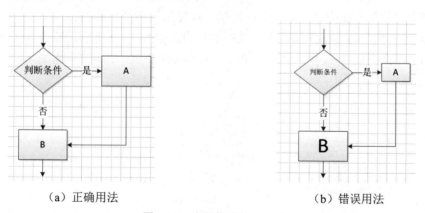

（a）正确用法　　　　　　　　　　　（b）错误用法

图 5.1.6　字体格式使用示范

2）判定框使用规范。流程图中统一使用 "Y/是" 代表符合流程条件，用 "N/否" 代表不符合流程条件。双击连接线，可输入文字。如图 5.1.7 所示。

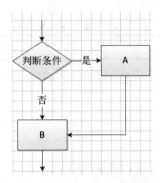

图 5.1.7　判定框使用示范

3）路径符号应避免相互交叉。流程图中路径符号不能出现交叉的现象，如图 5.1.8 所示。

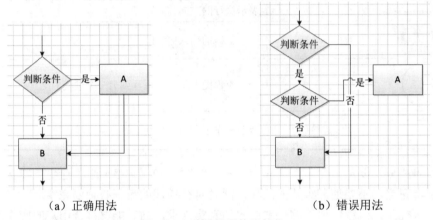

（a）正确用法　　　　　　　　　　　　（b）错误用法

图 5.1.8　路径符号使用示范

4）要遵循从上至下、从左至右的流向顺序。

5．流程图结构说明

流程图有三种基本结构，分别是顺序结构、选择结构和循环结构。

（1）顺序结构，即各操作是按先后顺序执行的。如图 5.1.9 所示，其中 A 和 B 两个框是顺序执行的，即在完成 A 框所指定的操作后，接着执行 B 框所指定的操作。

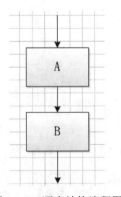

图 5.1.9　顺序结构流程图

（2）选择结构，即流程根据是否满足给定条件而从两组操作中选择执行一种操作，如图 5.1.10 所示。

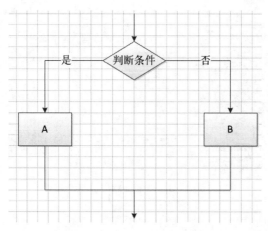

图 5.1.10 选择结构流程图

（3）循环结构，又称重复结构。即在一定条件下，反复执行某一部分的操作，直到满足某一条件为止。分为当型结构和直到型结构，如图 5.1.11 所示。

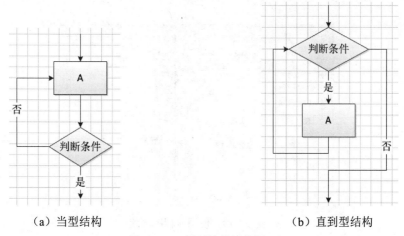

（a）当型结构 　　　　　　　　　　　（b）直到型结构

图 5.1.11 循环结构流程图

6. 绘制流程图的基本步骤

（1）构思流程框架，明确流程思路，流程图需要高度概括，不需体现过多的细节，要精练简洁。

（2）选择对应的流程图模板。执行"文件"→"新建"→"基本流程图"→"创建"，如图 5.1.12 所示。

（3）选择合适的基本流程图形状，将形状拖到绘图区。鼠标移动到流程图形状上，相应的形状按钮会出现反色，按住鼠标左键不放就可以拖拽到绘图区，如图 5.1.13 所示。

（4）继续添加其他形状，添加完所需的所有形状，进行格式调整。

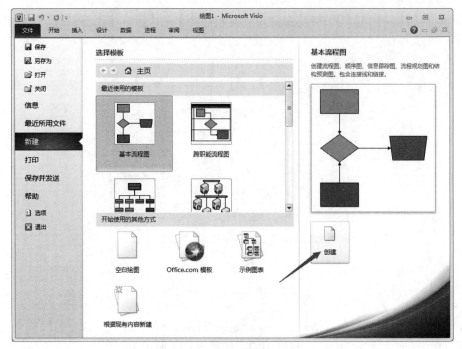

图 5.1.12　基本流程图新建窗口

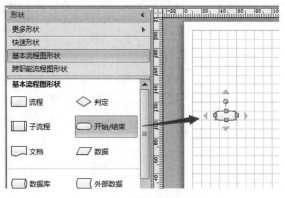

图 5.1.13　使用流程图形状

【解决方案】

打开 Visio，点击"文件"→"新建"→双击"基本流程图"，出现绘图界面，如图 5.1.14 所示。

1. 绘制登录志愿填报平台模块

（1）点击"形状"模块，选择"起始框"，拖动鼠标至绘图区，建立"开始"流程。

（2）选择"基本流程图形状"→"流程"，按住鼠标拖动至绘图区，在矩形框内输入文字"登录普通高等学校招生考试信息平台"。同样的方式放置"阅读填报须知"流程框。

（3）用连接线将上述三个流程框连接起来。将连接线的上方连接点拖动至起始框的下方连接处，连接线会自动吸附连接点，连接处会出现红色框框，表明连接成功。如图 5.1.15 所示。

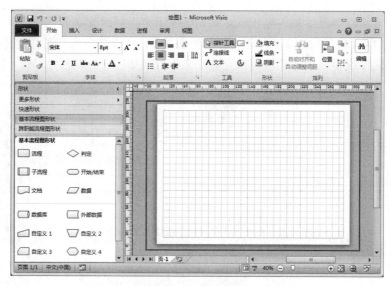

图 5.1.14　绘图界面

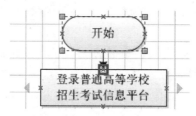

图 5.1.15　连接线应用

（4）完成后效果如图 5.1.16 所示。

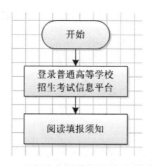

图 5.1.16　"登录志愿填报平台"模块效果图

2. 绘制用户密码登录模块

提示：考生阅读完填报须知后，有一个选择问题"首次填报志愿？"，"是"就修改登录密码，"不是"就用修改后的密码登录，这里要选择"判定框"来实现。

（1）选择"基本流程图形状"→"判定"，在绘图区绘制"判定框"，并输入文字"首次填报志愿？"，设置字体格式。

（2）绘制两条连接线，一条连接判定框的左边，双击箭头线，输入文字"是"，另一条连接判定框右边，双击箭头线，输入文字"否"。

（3）复制"阅读填报须知"流程框，粘贴至左下方，修改文字为"修改登录密码"。

（4）复制"阅读填报须知"流程框，粘贴至右下方，修改文字为"使用修改后密码登录"。

（5）设置连接线将上述 2 个流程框连接起来。效果如图 5.1.17 所示。

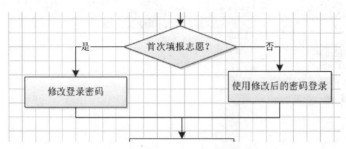

图 5.1.17　"用户登录模块"效果图

3．绘制志愿填报模块

（1）按顺序绘制"按批次填报志愿""提交保存志愿"流程框。

提示：填报完所有志愿有两种情况可供用户选择，也要用判定框来实现。

（2）选择"基本流程图形状"→"判定"，在绘图区绘制"判定框"，并输入判定内容"填报完所有志愿？"。

（3）绘制两条连接线，一条连接判定框的正下方，双击箭头线，输入文字"是"，另一条连接判定框右边，双击箭头线，输入文字"否"。

（4）选择"是"填报完所有志愿，箭头连接到"查看、浏览志愿"流程框。选择"否"，箭头连接到"按批次填报志愿"。

"志愿填报"模块效果如图 5.1.18 所示。

3．绘制核对退出模块

（1）按顺序绘制"查看、浏览志愿""退出、关闭网页"流程框。

（2）设置连接线。

（3）绘制结束框。

"志愿核对、退出"模块效果如图 5.1.19 所示。

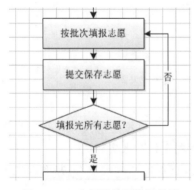

图 5.1.18　志愿填报模块效果图

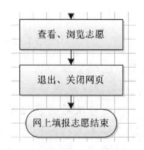

图 5.1.19　"志愿核对、退出"模块效果图

【知识拓展】

1. 更改格式

在 Visio 中，我们可以对流程图形状和连接线进行样式、颜色等修改。选择形状或者连接线，右击，在快捷菜单中选择格式，我们可以看到如图 5.1.20 所示的菜单。

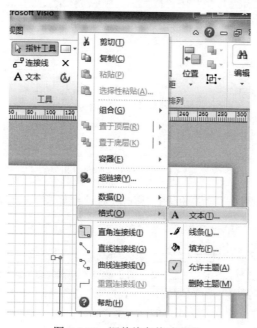

图 5.1.20　调整线条格式菜单

（1）文本。可以对文字字体、字符、段落、项目符号等进行格式调整，对话框如图 5.1.21 所示，根据需要点开选项卡即可。

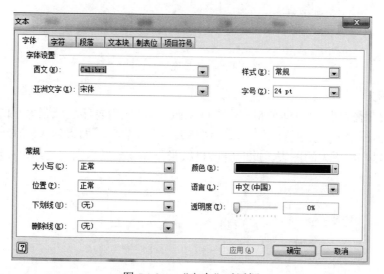

图 5.1.21　"文本"对话框

（2）线条。选择"线条"，可修改线条的类型、粗细、颜色以及设置线条的箭头形状等，也可修改形状的外框线条，对话框如图 5.1.22 所示。

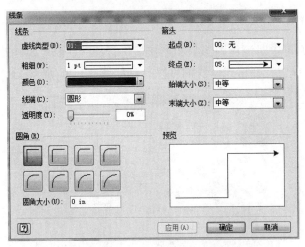

图 5.1.22　"线条"对话框

（3）填充。可以对形状背景颜色进行填充，对话框如图 5.1.23 所示。

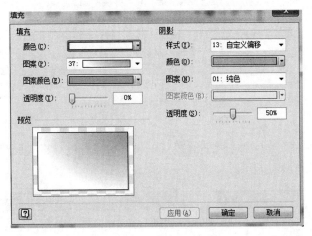

图 5.1.23　"填充"对话框

2. 大小调整

（1）自动调整大小。"自动调整大小"将 Visio 绘图区中打印机纸张大小的可见页面替换为易于创建大型图表的可扩展页面。"自动调整大小"开启后，如将形状放在当前页面之外，该页面会扩展以容纳更大的图表。此时打印机纸张分界线会显示为点虚线，如图 5.1.24 所示。

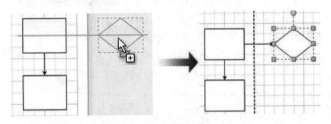

图 5.1.24　自动调整大小

（2）插入和删除形状并且自动调整。

如果已创建了流程图，但需要添加或删除形状，Visio 会自动进行连接和重新定位。将形状放置在连接线上，可以将它插入到流程图中，如图 5.1.25 所示。

删除连接在某个序列中的形状时，两条连接线会自动被剩余形状之间的单一连接线取代。然而在这种情况下，形状不会移动来删除之间的间距。若要调整间距，可以选择形状，再单击"自动对齐和自动调整间距"，如图 5.1.26 所示。

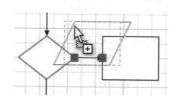
图 5.1.25　插入形状

图 5.1.26　删除形状后的间距

3. 使用主题配色美化流程图

用 Visio 绘制出的流程图颜色是单一的，如果想让流程图变得更漂亮些，我们可以通过主题配色来实现。

点击"设计"→"主题"，如图 5.1.27 所示，我们可以看到有很多种类型的主题供选择。

图 5.1.27　主题类型

如果需要经常使用一种主题，可以通过点击"主题"→"颜色"→"新建主题颜色"，自己设定好，以后方便调用。如图 5.1.28 所示。

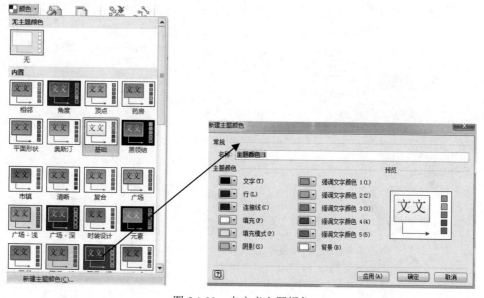
图 5.1.28　自定义主题颜色

4. 使用自带模板制作案例

作为一个用于绘图的软件，Visio 也自带了很多模板，特别是设计到房屋平面图、工程图等图的制作，合理使用模板制作，可以让工作事半功倍。

点击"文件"→"新建"→"选择模板"窗口，如图 5.1.29 所示。我们可以看到一些典型的模板类型。

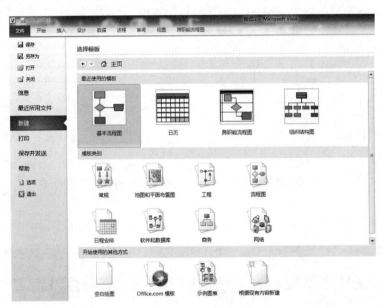

图 5.1.29　选择模板

例如，我们想制作一个日历，可以选择"日程安排"→"日历"，如图 5.1.30 所示。

图 5.1.30　选择日历模板

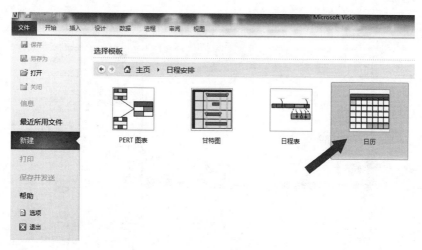

图 5.1.30　选择日历模板（续图）

点击日历模板进入绘图界面。在界面左侧可以看到制作日历的基本形状，如图 5.1.31 所示。

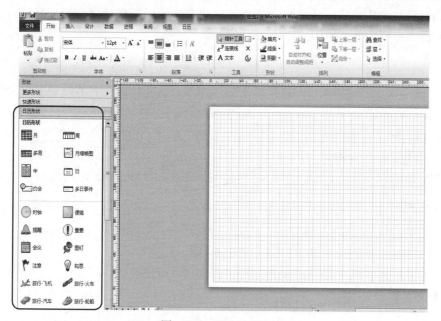

图 5.1.31　日历绘图界面

我们可以按月制作日历，也可以按周，也可以按年，在图 5.1.32 中选择。

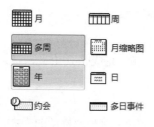

图 5.1.32　选择日历样式

例如选择"月"，拖到绘图区里，会弹出配置界面，如图 5.1.33 所示。

图 5.1.33 "配置"对话框

在日历框格内双击可填写工作日志，也可以将左侧的日历形状拖到日历框格内，使制作的日历起到日常提醒功能，如图 5.1.34 所示。

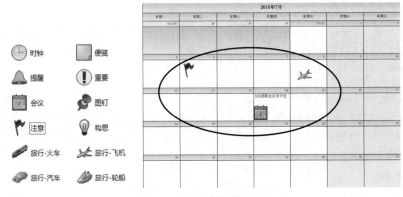

图 5.1.34 简单日历制作图

【拓展训练】

你是一名即将毕业的学生，现在正在完成毕业设计。老师要求毕业设计之前，先将毕业设计的整体思路用流程图表示出来，请绘制毕业设计操作流程图。

流程描述：

我们在毕业设计之前要先选择好毕业设计的题目，与指导老师讨论，如果没有通过就继续选择题目，通过了就确定论文选题，进行论文内容的规划，完成初稿，交给老师审阅，审阅未通过，重新完成初稿，直到审阅通过，完成正式论文，最后打印上交。

【案例小结】

通过本项目的学习，我们看到了 Visio 绘制流程图的强大功能，我们了解了流程图的三种基本框架，知道了流程形状代表的含义，学会了用形状、连接线等来完成流程图的制作。

第6章 常用工具软件

在快速发展的互联网潮流当中，随着技术的不断发展，常用工具软件也在不断地与社会需求相匹配。办公的方式也从传统的纸质办公到 PC 端办公，再到移动平台高速发展的移动办公。随着云平台的出现，云端工具在如今的生活中已无处不在，利用它们可以随时随地进行事务处理。

案例 1　制作班级通讯录

【学习目标】

（1）掌握石墨文档的注册。
（2）掌握文档的创建和保存。
（3）掌握文档的页面设置。
（4）学会在文档中输入、编辑文字和符号。
（5）学会字体和段落的格式设置，美化文档。
（6）学会列表工具的使用。
（7）学会"插入"工具的使用。
（8）学会添加评论。
（9）学会协作工具的使用。
（10）学会导出和发布的使用。

【案例分析】

为了更快了解班级同学们的相关情况，网络 1901 班代理班长王小小在辅导员的要求下正在制作班级通讯录。利用晚自习机房网络环境，发送通讯录模板同时要求所有同学填写相关信息。王小小同学制作了如图 6.1.1 所示的通讯录。

具体要求如下：
（1）新建文档并修改标题。
（2）编辑通讯录固定内容。
（3）协同编辑各自信息并美化修饰文档。
1）正文为宋体，14 号，行距为 1.5；首行缩进 2 字符；日期字体颜色红色、加粗，为"注意事项及要求"添加列表序号；
2）插入表格；
3）表头文字为宋体，14 号，居中，加粗，设置背景底纹；
4）设置协作对象共同编辑班级通讯录；
5）设置分享，公开分享类型设置为只能阅读；

图 6.1.1　"班级通讯录"效果图

6）导出及打印文档。

【知识准备】

石墨文档是中国一款支持云端实时协作的企业办公服务软件（功能类似于 Google Docs、Quip），可以实现多人同时在同一文档及表格上进行编辑和实时讨论，同步响应速度达到毫秒级。石墨文档分为个人版和企业版，其官网地址为 https://shimo.im/。

1．个人版

（1）实时保存。文档/表格实时保存在云端，即写即存。在编辑过程中，文档页面上方会实时提示文档的状态，包括正在保存、保存成功和最后更新时间。

（2）轻松分享。添加协作者，邀请小伙伴来一起协作。自行控制文档/表格的协作权限：只读、可写、私有。

（3）实时协作。实时协作可以多人多平台同时编辑在线文档和表格。

（4）还原历史。所有的编辑历史都将自动保存，随时追溯查看，还可一键还原到任一历史版本。

2．企业版

（1）文档共享与成员管理。支持设置多个管理员，轻松管理企业文档共享成员，入职快速，离职安全。

（2）内外协作自由切换。内部协作：支持一键分享，并能随时随地邀请同事加入文档进行协作。外部协作：企业成员可以对外分享文件，邀请企业外部成员参与文档协作。

（3）文件所有权归属企业。企业文件的所有权归属企业，保证企业商业机密的安全性。

3．用户界面

石墨文档用户界面是一种面向结果的界面，用户拥有简洁而整齐有序的工作区，使用户能够更加快速轻松地使用该应用程序。石墨文档的工作窗口，如图 6.1.2 所示。

（1）快速工具栏。石墨文档快速访问工具栏包含四个工具分别是撤消、重做、格式刷、清除格式。如图 6.1.3 所示。

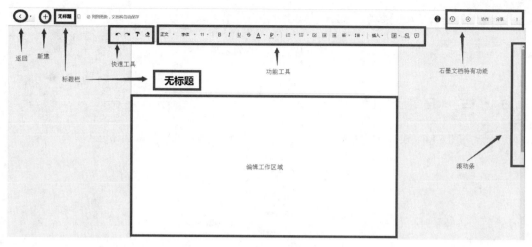

图 6.1.2　石墨文档的工作窗口

图 6.1.3　自定义快速访问工具栏

（2）标题栏。与 Word 2010 不同，石墨文档中的标题有 2 处，只要修改一处另一处自动修改。

（3）新建按钮。点击"新建"按钮 ＋，用户可以看到丰富的文档类型，包括"文档""表格""幻灯片"等石墨文档内置的文档类型。用户还可以通过模板新建文档，如图 6.1.4 所示。

图 6.1.4　新建面板

（4）功能区。石墨文档中的功能区基本与 Office 相似。功能区由四个部分组成：文字设置区域、段落设置区域、添加评论区域、插入区域。如图 6.1.5 至图 6.1.8 所示。

图 6.1.5　文字设置区域

图 6.1.6　段落设置区域 　　　　　　　　　图 6.1.7　添加评论区域

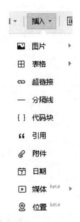

图 6.1.8　插入区域

（5）石墨文档特有功能。包括：查看历史、演示、协作、分享。查看历史功能可以查看本文档不同时期记录；演示功能即放映文档；协作功能可在添加输入框里，输入朋友的邮箱地址或使用"添加微信好友"，添加朋友一起编辑文档、表格或幻灯片，如图 6.1.9 所示；分享功能可公开分享，获得链接的人都可以访问，同时可以设置访问者是否有编辑的权限，如图 6.1.10 所示。

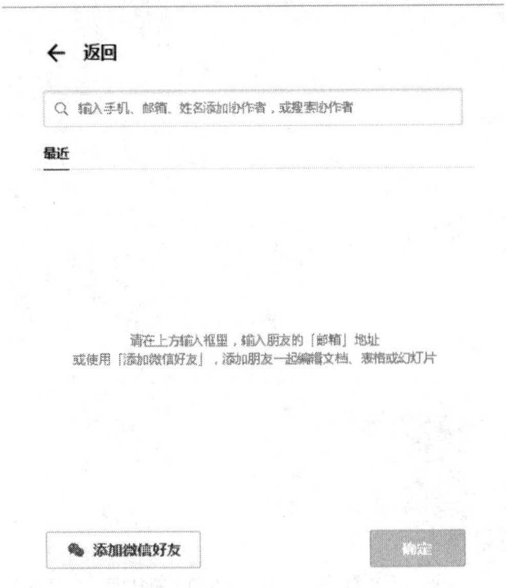

图 6.1.9　协作功能　　　　　　　　　　　图 6.1.10　分享功能

【解决方案】

1. 注册

（1）打开浏览器进入石墨文档官网 https://shimo.im/，点击免费注册，如图 6.1.11 所示。

图 6.1.11 石墨文档官网

（2）根据需求注册相应的版本，个人版或企业版（本案例以个人版为例）。填写信息，设置密码，验证码注册，如图 6.1.12 所示。

图 6.1.12 石墨文档注册

（3）完成注册，如图 6.1.13 所示。

图 6.1.13 石墨文档个人界面

2. 新建并保存文档

（1）新建文档。选择相应的文件类型，文件类型：文档、表格、幻灯片、思维导图、表单、白板、文件夹，如图 6.1.14 所示。

图 6.1.14　新建石墨文档

（2）保存文档。石墨文档的文件都是默认自动保存，返回之后默认保存最后编辑的内容。

3. 录入文字并设置格式

在空白文档中录入"班级通讯录"的文字。每个自然段结束时按"Enter"键表示段落结束，并增加新的段落。设置字体宋体，14 号，行距为 1.5；首行缩进 2 字符；日期字体颜色红色、加粗，为"注意事项及要求"添加列表序号，如图 6.1.15 所示。

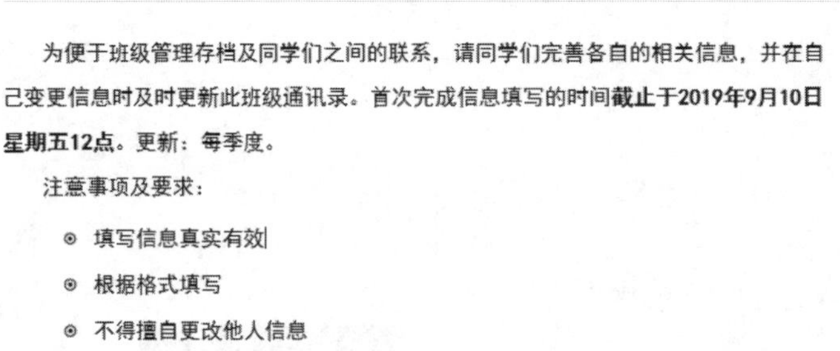

为便于班级管理存档及同学们之间的联系，请同学们完善各自的相关信息，并在自己变更信息时及时更新此班级通讯录。首次完成信息填写的时间**截止于2019年9月10日星期五12点**。更新：每季度。

注意事项及要求：

◉ 填写信息真实有效

◉ 根据格式填写

◉ 不得擅自更改他人信息

图 6.1.15　文档内容

4. 插入表格并设置

（1）选择菜单栏-插入-表格，拖选 8 列 2 行表格，根据需要调整表格行和列的数量。

（2）在第一行中录入表头内容，设置字体为宋体、9 号、加粗、居中对齐，字体颜色为白色，第一行背景颜色红色，效果如图 6.1.16 所示。

图 6.1.16　封面效果

5.　设置协作对象共同编辑班级通讯录

方法一：点击协作按钮添加编辑人员账号信息；

方法二：分享二维码，扫一扫直接进入编辑；

如图 6.1.17 所示。

图 6.1.17　设置协作

6.　设置分享

公开分享类型可设置相关权限，权限分可编辑和只读两种，同样分享方式可以是链接也可以是二维码分享，如图 6.1.18 所示。

图 6.1.18　分享功能

7. 导出及打印文档

文档编排完成后就可以准备打印了。打印前，一般先查看文档的整体编排，满意后再将其打印，若还需修改，则回到文档的编辑状态进行修改，如图 6.1.19 所示。

图 6.1.19　预览效果

根据需求石墨文档可导出电子文档存档，其类型可选：word、pdf、图片、markdown。

8. 保存文档，返回即为保存

【知识拓展】

石墨文档不仅仅可以多人协作编辑文档，还可以编辑表格（如图 6.1.20）、幻灯片（如图 6.1.21）、思维导图（如图 6.1.22）、表单、白板（如图 6.1.23）、文件夹，还可以从模板中新建。

图 6.1.20　表格

图 6.1.21 幻灯片

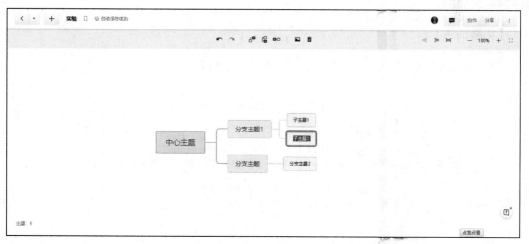

图 6.1.22 思维导图

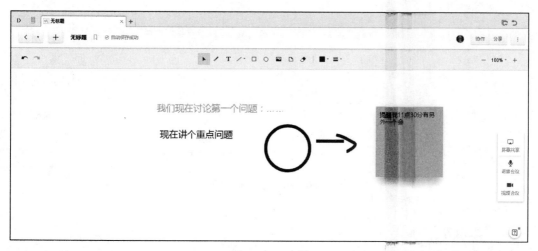

图 6.1.23 白板

（1）石墨表格菜单功能基本类似于 Microsoft Excel 2010，但在表格文字字体设置时需要注意。石墨文档的表格字体只有默认字体没有其他字体可设置，边框线的粗细也是默认大小。另外，石墨表格的保存与文档的保存不同，表格的保存在菜单栏更多选项中选择“保存版本”。

（2）石墨幻灯片比 Microsoft PowerPoint 2010 更简洁。在动画设置与形状插入方面可设置的功能较少，但在线演示是它的强大之处。可以通过链接或者二维码直接分享给观众浏览。

（3）石墨思维导图简单直观，只有 3 种布局：左侧、右侧、平衡。

（4）石墨白板，可以实时多人视频会议共享屏幕。在工作视频会议中共享白板展示会议内容重点、讨论问题的方式是比较受青睐的。

（5）石墨表单，主要提供基本表单内容框架便于快速制作相关表单。表单的发布及统计给使用者带来非常大的便利。

（6）石墨文件夹可以导入本地文件进行文件管理，也可以对石墨文档工作台-我的桌面上的文件进行分类整理。在管理“我的桌面”文件时注意文件移动到的位置，文件夹名称命名时要注意命名规范。

【拓展训练】

（1）按要求完成以下文档的格式编排，如图 6.1.24 所示。

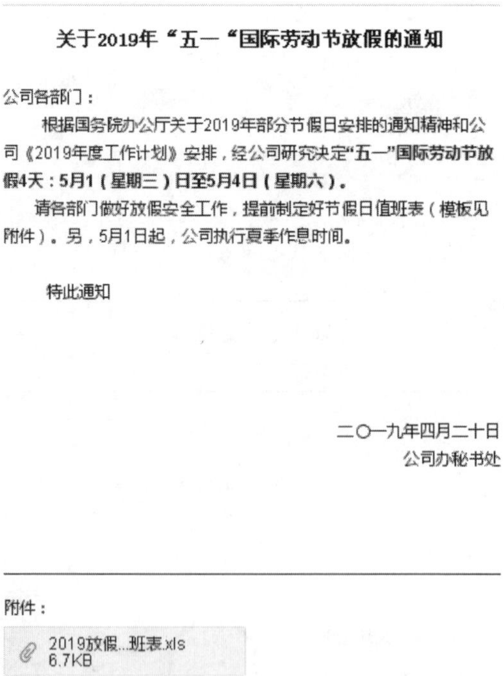

关于2019年“五一“国际劳动节放假的通知

公司各部门：

根据国务院办公厅关于2019年部分节假日安排的通知精神和公司《2019年度工作计划》安排，经公司研究决定“五一”国际劳动节放假4天：5月1（星期三）日至5月4日（星期六）。

请各部门做好放假安全工作，提前制定好节假日值班表（模板见附件）。另，5月1日起，公司执行夏季作息时间。

特此通知

二〇一九年四月二十日

公司办秘书处

附件：

2019放假...班表.xls 6.7KB

图 6.1.24　文档效果图

具体要求：

1）录入内容。

2）标题：宋体、18 号、加粗、居中。

3）正文：宋体、14 号、首行缩进 2 字符、单倍行距，根据效果为相应位置文字设置红色；

落款：宋体、14 号、右对齐。

　　4）附件：插入-附件。

　　5）按样文效果调整，并以"2019 年五一放假通知"为名保存。

　　（2）新建文档，完成以下五一放假值班表，并按要求进行设置。如图 6.1.25 所示。

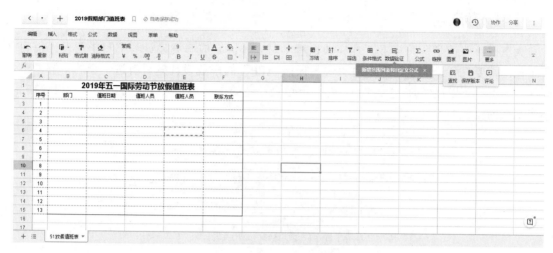

图 6.1.25　值班表效果图

具体要求：

1）录入标题和表头内容。

2）标题：14 号、加粗、居中。

3）表头：9 号、居中，自定义设置表头文本颜色。

4）序号：序列填充。

5）表格设置，外框实线内框虚线，自定义设置线条颜色。

6）按样文效果调整，并保存。

【案例小结】

　　通过以上案例的学习，能更好地了解基于云平台多人协作的办公服务软件的运用；学会了云平台办公服务软件文档的创建、保存、页面设置、文档的录入、编辑等基本操作；学会设置字体格式、段落格式以及利用项目符号和编号对段落进行相关的美化和修饰；还学会邀请多人共同编辑制作文档。

案例 2　利用中国知网 CNKI 检索"天气预报 APP"的毕业设计

【学习目标】

　　（1）认识中国知网 CNKI。

　　（2）学会登录 CNKI。

　　（3）了解中国知网检索方式。

（4）学会简单检索和高级检索。

（5）掌握文献检索。

（6）学会下载文献并保存。

（7）掌握在线咨询。

【案例分析】

大三的小张同学即将毕业，在完成课程学习之外，完成毕业设计与书写毕业设计说明书成了他的首要任务。为了让自己对"天气预报 APP"的毕业设计题目有进一步的了解，小张同学想参考一下以往学长、学姐们的作品，再结合社会的发展需求去完成自己的毕业设计作品。小张下载的资料如图 6.2.1 所示。

	1	基于App Inventor的天气预报系统的设计与实现	陈利嫦
	2	基于Android及JSON的天气预报APP设计与实现	史桂红
	3	基于情感化的天气预报机APP与设备交互设计	龙海容
	4	基于Android平台的手机天气预报系统的实现	陆璐; 朱纹玉
	5	基于Android Studio的天气预报APP设计与实现	周明韬

图 6.2.1　下载资料图

具体要求如下：

（1）打开中国知网并登录。

（2）输入检索词进行简单检索；主题：天气预报 app。

（3）专利文献的检索与利用；主题：天气预报 app。

（4）下载文献并保存。

（5）在线咨询。

【知识准备】

中国知识基础设施工程（China National Knowledge Infrastructure，CNKI）是采用现代信息技术，建设适用于我国的可以进行知识整合、生产、网络化传播扩散和互动式交流合作的社会化知识基础设施的国家级大规模信息化工程。CNKI 的网址为 http://www.cnki.net。

该工程由清华同方光盘股份有限公司、中国学术期刊电子杂志社等联合承担。CNKI 工程已经建成了"CNKI 数字图书馆"，涵盖了我国自然科学、人文与社会科学、工程技术、期刊、博硕士论文、报纸、图书、会议论文等公共知识信息资源。

CNKI 数据库是 CNKI 工程主体之一，是数字化最彻底的文本型全文数据库，90%以上的文献均采用由期刊、图书、报纸等出版单位和硕博士培养单位提供的纯文本数据。CNKI 数据库依托 CNKI 知识网络服务平台系统为用户提供网上信息检索服务。

CNKI 的检索方法有 2 种，分别是简单检索和高级检索。

（1）简单检索。在首页的搜索框中直接输入匹配字段，单击搜索 🔍 按钮进行搜索。

（2）高级检索。在首页单击搜索框右侧的"高级检索"超链接，进入高级检索功能主页面，如图 6.2.2 所示。其主要检索功能有：高级检索、专业检索、作者发文检索、句子检索等。

图 6.2.2　高级检索功能主界面

1）高级检索：先输入范围的控制条件，如发表时间等；再输入文献内容特征信息，如主题名关键词等；最后对检索到的结果进行分组排序，如根据文献所属学科等进行分组，再根据发表时间进行排序，筛选得到所需要的文献，如图 6.2.3 所示。

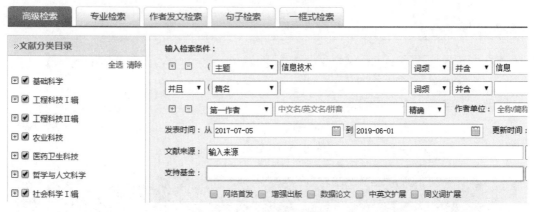

图 6.2.3　高级检索界面

2）专业检索：使用逻辑运算符和关键词构造检索条件进行检索，用于图书情报专业人员查询、信息分析等工作，如图 6.2.4 所示。

3）作者发文检索：通过作者姓名、单位等信息，查找作者发表的全部文献及被引用下载情况，如图 6.2.5 所示。

4）句子检索：输入两个关键词，查找同时包含这两个词的文献，实现对文献的检索。

【解决方案】

（1）打开中国知网（http://www.cnki.net），进入中国知网界面。中国知网有新旧两个版本界面可供选择。知网登录分为个人注册用户和集团用户，个人用户直接点击登录进入登录页面通过账号和密码登录，如图 6.2.6 所示；集团用户必须在校园网状态下，以湖南汽车工程职业学院为例，如图 6.2.7 所示。

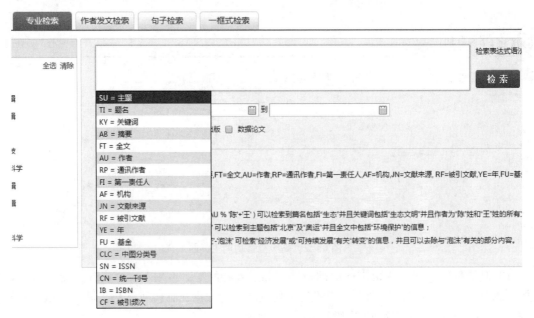

图 6.2.4　专业检索界面

图 6.2.5　作者发文检索

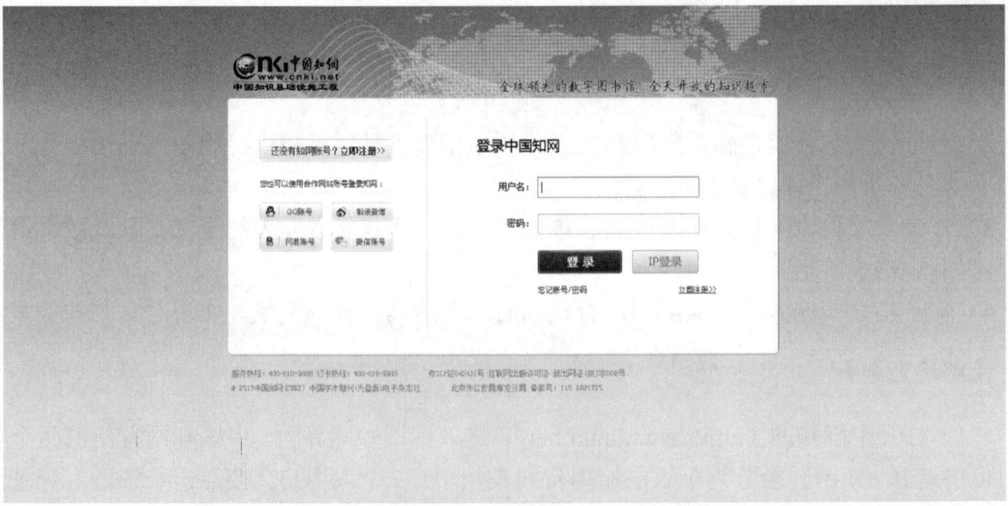

图 6.2.6　登录界面

图 6.2.7　中国知网新版界面

（2）检索文献。

1）在校园网（湖南汽车工程职业学院为例）的状态下，打开中国知网（http://www.cnki.net）。

2）选择文献-主题进行检索，输入主题：天气预报 app，点击搜索图标 Q ，显示搜索结果，如图 6.2.8 所示。

图 6.2.8　主题检索入口界面与结果显示界面

（3）选择合适的文献，点击"题名"，进入文献页面，选择相应方式下载，如图 6.2.9 所示。

图 6.2.9 下载文献

（4）选择专利-主题进行检索，输入主题：天气预报 app，如图 6.2.10 所示。选择合适的文献，进入文献页面点击下载。

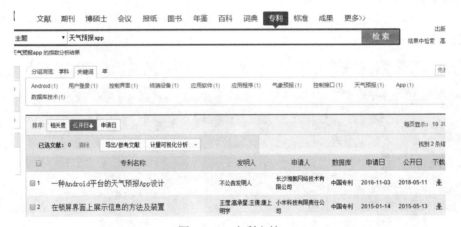

图 6.2.10 专利文献

（5）在线咨询。为保证自己的毕业设计说明书的高品质，针对毕业设计说明书查重率的要求，在线咨询、在线查重是必不可少的一环，如图 6.2.11 所示。

图 6.2.11 在线咨询

图 6.2.11　在线咨询（续图）

【拓展训练】

利用中国知网对关键词"互联网"进行高级检索。

具体要求：

（1）检索项字段选择"主题"。

（2）逻辑关系选择"并且"，主题为：中国互联网、互联网发展。

（3）时间从 2000 年到 2019 年。

【案例小结】

通过以上案例的学习，读者学会了利用校园网进入 CNKI 资源总库查找文献，掌握不同的检索方式查找文献的全文。掌握检索技巧，严控检索控制项——多限制，精产出。

案例 3　完成百度搜索引擎检索：网页设计

【学习目标】

（1）认识百度界面。

（2）学会简单检索。

（3）学会高级检索。

（4）学会分类检索。

【案例分析】

某学校网络专业学生进行静态网页项目实训，实训指导老师要求每人提交一个主题鲜明的包含 12 个页面的项目作为考核。该班同学为找资料、找灵感"爬"进了浩瀚的网络信息资源中。具体要求：

（1）打开百度搜索引擎。

（2）在搜索框中输入"静态网页设计"。

（3）打开高级检索，进行高级检索"静态网页设计"，设置相应的参数。

（4）查看或下载个人喜欢的相关资源，并对其结构、CSS 效果进行分析。

【知识准备】

1. 网络信息资源

网络信息资源又称电子信息资源、因特网信息资源等，它是以电子化、数字化的形式存储在网络结点中的，借助于计算机网络进行传播和利用的信息产品和信息系统的集合体。

网络信息资源的类型如下：

（1）全文型信息：电子期刊、网上报纸、印刷型期刊电子版、各类网络教材、政府出版物、标准全文等。

（2）事实型信息：天气预报、节目预告、火车车次、飞机航班、城市景点介绍、工程实况、IP 地址等。

（3）数值型信息：主要是指各种统计数据。

（4）数据库类信息：如 DIALOG、万方等都是传统数据库的网络化。

（5）微内容（web2.0 特征）：如博客、播客、BBS、聊天、邮件讨论组、网络新闻组等。

（6）其他类型：投资行情和分析、图形图像、影视广告等。

2. 网络信息资源检索工具

（1）搜索引擎：Google、百度是最常用的搜索引擎。

（2）数据库：如 DIALOG、万方数据。

（3）其他检索工具：如 FTP 资源检索工具、Mailing List（邮件列表）检索工具、远程登录（Telnet）检索工具。

3. 搜索引擎

搜索引擎是常用的网络信息检索工具，其工作原理是根据一定的策略、运用特定的计算机程序从互联网上搜集信息，对信息进行组织和处理后，为用户提供检索服务，将用户检索的相关信息展示给用户。搜索引擎的主要检索方法是关键词检索和分类检索。

【解决方案】

（1）打开百度搜索引擎（http://www.baidu.com），进入百度检索界面如图 6.3.1 所示。

新闻　hao123　地图　视频　贴吧　学术　登录　设置　更多产品

图 6.3.1　百度搜索引擎界面

（2）简单检索。在百度检索界面的搜索框中直接输入关键词进行检索，如图 6.3.2 所示。

（3）高级检索。利用高级检索是搜索引擎的主要检索技巧。在简单检索界面通过各自格式输入的文档检索、站内检索、位置检索及布尔检索命令，同样可以在高级检索界面输入，系统自动在其检索界面的输入框中用一定的高级输入格式表现出来,从而简化了通过简单检索界面输入格式命令的操作,为学习高级检索语法提供了帮助,并具有限制时间、显示个数、选择网页语言的功能。输入地址 http://www.baidu.com/gaoji/advanced.html,可以进入百度高级检索界面,如图 6.3.3 所示。

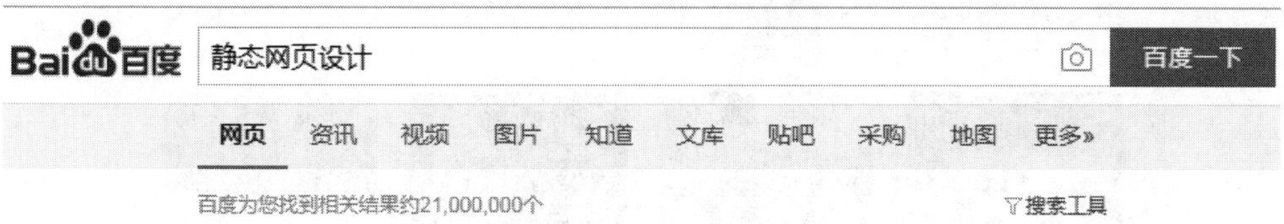

图 6.3.2 简单检索

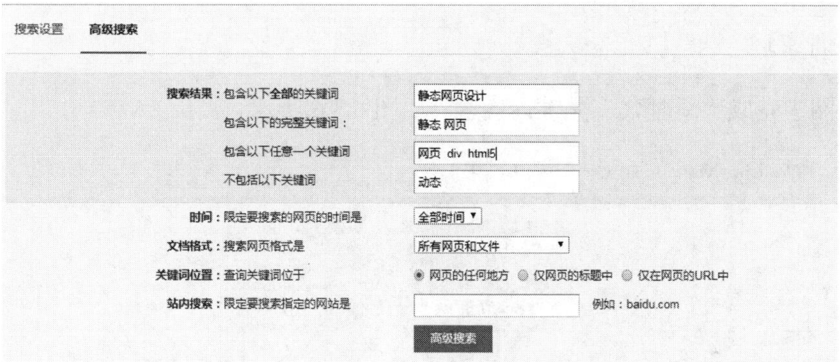

图 6.3.3 高级检索

(4) 分类导航检索。单击图 6.3.1 中在"更多产品"超链接,进入百度分类导航检索界面,如图 6.3.4 所示,可进行分类检索。

图 6.3.4 分类导航检索

(5) 查看相关资料信息,选择自己感兴趣的资源进行下载,并对其结构、CSS 效果进行分析，如图 6.3.5 所示。

图 6.3.5　查看相关资源

【拓展训练】

在新浪网中完成"新时代"关键词检索，如图 6.3.6 所示。

图 6.3.6　在新浪网中检索"新时代"

【案例小结】

通过以上案例的学习，让读者了解网络信息资源，认识网络信息检索工具，并掌握常用中文搜索引擎关键词检索、高级检索、分类检索的功能及技巧。

案例 4　批量修改文件名

【学习目标】

（1）认识"拖把更名器"。

（2）学会将文件名和扩展名整体批量改为大写或小写。

（3）学会将文件名中的部分批量替换。

（4）学会将文件名中的部分批量删除。

（5）学会将文件名改名并按序号排列格式。

【案例分析】

作为宣传委员的李一一同学正在对班级团日活动的照片进行整理。她发现几次活动的照片都混到了一起，没办法一下找出每一期照片。现在需要对照片批量按时间进行分组命名，效果如图 6.4.1 所示。具体要求如下：

（1）下载并安装"拖把更名器"。

（2）启动"拖把更名器"。

（3）将文件名和扩展名整体批量改为小写。

（4）将文件名改名并按序号排列格式。

（5）将重命名后的文件名中的 aa 替换为 cc。

（6）删除文件名中的"c-"。

（7）保存。

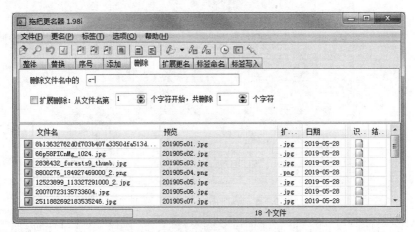

图 6.4.1　批量改名

【知识准备】

"拖把更名器"功能比较强大，支持文件名重命名、标签内码转换、繁简转换、汉字转拼音；支持 MP3、RM、RMVB、WMA、APE、OGG、WMV、ASF 扩展名更名；支持调用外部文本文件更名、网页文件标题提取更名、正则表达式、元变量、自动预览、撤消等。

批量改名软件除了"拖把更名器"还有很多，比如"小秘书批改名工具"，它是一款小巧的文件名和扩展名的批量重命名工具，附带多个插件，并且可自定义指定批处理。

【解决方案】

（1）启动"拖把更名器"，如图 6.4.2 所示。

（2）在图 6.4.2 所示的主窗口中，单击"添加文件"按钮，打开对话框，找到需要批量重命名的文件夹"201905 文件"，也可全选该文件夹中的所有文件，如图 6.4.3 所示。

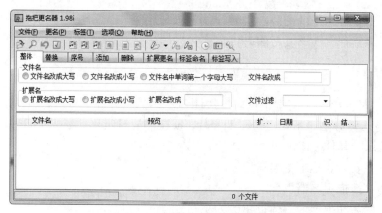

图 6.4.2　拖把更名器主窗口

图 6.4.3　选择需要重命名的文件

（3）单击"打开"按钮，返回拖把更名器主窗口，所选择文件已自动添加。如图 6.4.4 所示。

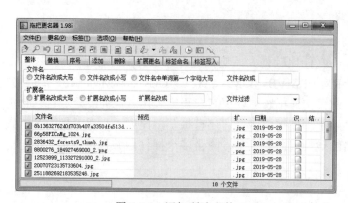

图 6.4.4　添加所选文件

（4）在"整体"选项卡的"文件名改成"文本框中输入"201905aa-"，选中"文件名改成小写"和"扩展名改成小写"，如图 6.4.5 所示。

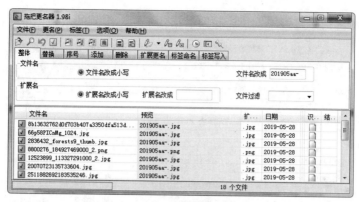

图 6.4.5　整体批量重命名效果

（5）单击"序号"选项卡，在"模板"文本框中输入"201905aa-#"添加到预设，设置好开始于"1"、增量"1"、位数"2"、勾选"不足位补齐"，如图 6.4.6 所示。

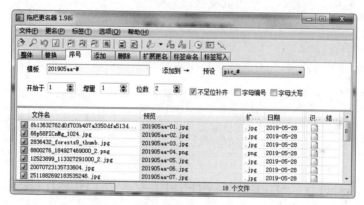

图 6.4.6　整体批量按序号重命名效果

（6）单击"替换"选项卡，在"把"文本框中输入需要被替换的文本"aa"，在"替换成"文本框中输入替换成的文本"cc"，如图 6.4.7 所示。

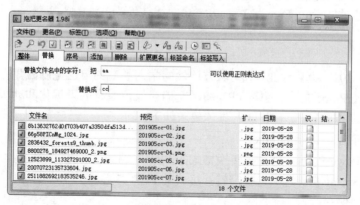

图 6.4.7　整体批量替换部分重命名效果

（7）单击"删除"选项卡，在"删除文件名中的"文本框中输入"c-"，不勾选"扩展删除"则所有文件的文件名中的"c-"删除，如图 6.4.8 所示。如勾选"扩展删除"则根据所设定的值开始执行删除命令，值不同所删除的数据就不同，得到的效果也不同。

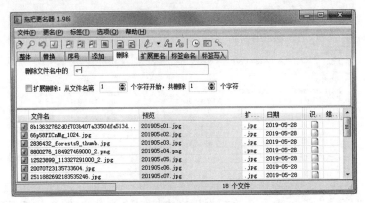

图 6.4.8　整体批量删除部分重命名效果

（8）单击"应用"按钮☑，完成批量重命名操作。

【拓展训练】

利用"小秘书批改名工具"对文件进行批量重命名。

【案例小结】

批量重命名在平时的生活工作中非常实用，大大提高了工作效率，将量大的工作批量处理，是办公人员应该掌握的基本技能之一。

案例 5　转换 PowerPoint 文档为 Flash 格式

【学习目标】

（1）认识"iSpring Free"。
（2）学会通过 iSpring Free 将 PowerPoint 文档转换为 Flash 格式。

【案例分析】

某高职院校 2019 级某专业 1901 班方玲玲同学为了节约自己电脑磁盘存储空间，方便展示自己做的 PowerPoint 文档，想将 PPT 演示文档在保留原有的可视化和动画效果的基础上转换为对 WEB 友好的 Flash 影片格式。具体要求如下：

（1）安装并启动 iSpring Free。
（2）启动 PowerPoint，打开需转换格式的 PPT 文档。
（3）在"iSpring Free"中选择需转换格式的 PPT 文档。
（4）导出并保存。

【解决方案】

（1）安装并启动 iSpring Free，进入"Welcome to iSpring Free"对话框，在对话框中单击"Launch PowerPoint"，如图 6.5.1 所示。

图 6.5.1　Welcome to iSpring Free 界面

（2）启动 PowerPoint，并打开待转换文档"第四单元　基本操作.ppt"。可发现 PowerPoint 主窗口出现了"iSpring Free"选项卡，如图 6.5.2 所示。

图 6.5.2　"iSpring Free"选项卡

（3）在"iSpring Free"选项卡中单击"Publish"按钮，打开"Publish to Flash"对话框，在第一个文本框中输入文档名称"办公软件应用"，第二个文本框中输入转换后文档的保存位置，勾选"All slides"，点击"Publish"按钮，如图 6.5.3 所示。

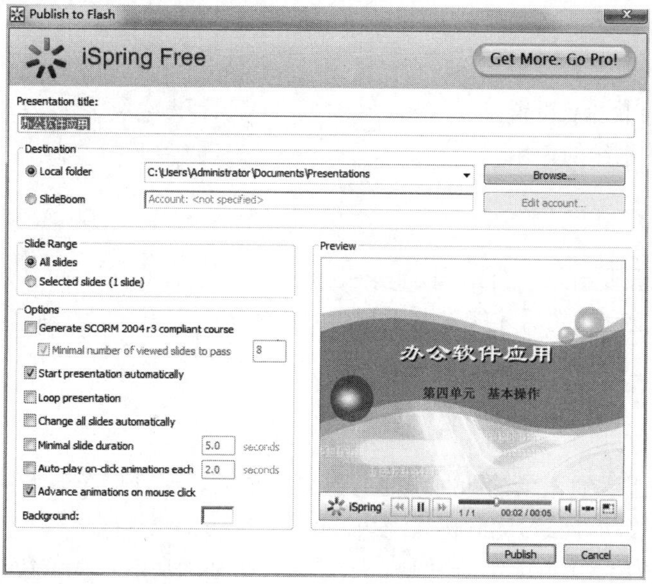

图 6.5.3　"Publish to Flash"对话框

（4）弹出正在生成 Flash 影片对话框，开始导出文件，并显示进度，如图 6.5.4 所示。导出完成之后自动放映导出文件。

图 6.5.4　生成 Flash 影片对话框

【拓展训练】

利用"iSpring Free"对自我介绍的 PPT 文档进行转换格式。

【案例小结】

通过本案例的学习让读者知道文件转换格式是可以借助不同的工具来完成的。掌握文件转换格式软件的应用，对体积大的文件传送、发布难的问题有了更好的解决办法。

案例 6　编辑制作个人出差审批单

【学习目标】

（1）掌握云之家的注册。
（2）掌握设置团队选择。
（3）掌握消息处理与同事圈。
（4）学会智能审批及设置。
（5）掌握考勤系统的使用。

【案例分析】

某公司员工王五要出差，公司规定所有出差都必须提前在公司的办公系统中发起网络审批，经相关领导审批完成之后才能去财务预支差旅费用。王五发起了如图 6.6.1 所示的出差审批单。

【知识准备】

云之家，基于组织通讯录的即时消息、签到、请假、文件、公告及应用接入服务，提高工作效率。它通过移动办公与团队协作 APP 应用，帮助企业打破部门与地域限制，提升工作效率，激活组织活力。2014 年 1 月 9 日，云之家宣布基础功能永久免费。主要功能应用：协作功能、管理功能、知识共享功能、任务中心。

图 6.6.1　出差审批单效果

云之家分为 PC 版和移动版，其官网地址为：https://www.yunzhijia.com/home/。

1. 云之家的注册及下载

（1）移动端下载。

移动端：直接在 APP 应用商店搜索"云之家"下载安装，填写相关信息注册即可登录。还可以通过官网扫描二维码进行下载安装，如图 6.6.2 所示。

图 6.6.2　二维码下载

（2）PC 端下载。

1）在浏览器中输入网址 https://www.yunzhijia.com/home/，点击"下载"，如图 6.6.3 所示。

图 6.6.3　官网

2）进入下载页面，选择对应的版本进行下载，如图 6.6.4 所示。电脑端点击下载安装即可。

图 6.6.4　版本选择

2. 云之家设置团队

（1）PC 客户端选择团队：PC 端登录，点击头像；点击切换团队，选择对应团队即可，如图 6.6.5 所示。

图 6.6.5　PC 端选择团队

（2）Web 端选择团队：网页端登录后，将鼠标移动至左上角会自动出现下选框；点击全部团队，即可选择对应的团队，如图 6.6.6 所示。

图 6.6.6　Web 端选择团队

（3）移动端选择团队：

1）登录账号，点击头像-我的团队-选择相应团队，如图 6.6.7 所示。

图 6.6.7 手机端选择团队

2）设置常用团队。如事前进入过其他团队，展开全部团队，鼠标放置到相应团队上，将出现图钉图案，单击设置常用团队，如果想要退出多余团队，可以在黄色框位置来进行退出（管理员需要解除管理员身份才可以），如图 6.6.8 所示。

图 6.6.8 常用团队设置

【解决方案】

（1）登录。登录手机 APP，进行注册激活进入云之家工作台界面，如图 6.6.9 所示。

图 6.6.9 手机应用的下方

（2）进入工作台。显示常用应用如图 6.6.10 所示。图右上角为管理应用的入口，点击进入查看并使用其中的应用。

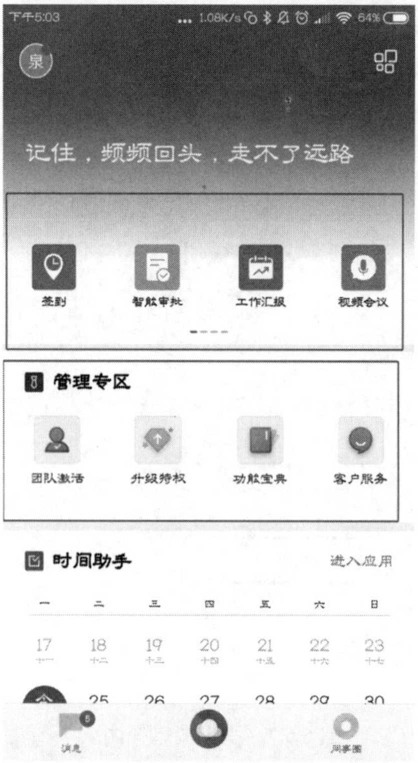

图 6.6.10　工作台

（3）点击下方的设置常用应用，可以根据个人的需求进行调整。点击右上方的"应用中心"进入：管理员可以修改应用权限或删除应用。右上角查找其他应用，添加需要管理员才能操作，如图 6.6.11 所示。

图 6.6.11　工作台

（4）PC 端进入智能审批。

1）登录个人账号，在工作台界面上找到黄色图标的智能审批，点击跳转，如图 6.6.12 所示。

图 6.6.12　智能审批

2）进入审批中心，如图 6.6.13 所示。

审批中心主要是针对于单据处理：

发起审批：制作审批单据，发起审批流程。

我的待办：待办单据在这里可以直接查看。

我的已办：已办单据在这里查看，方便数据回顾。

我发起的：统计自己发起单据。

抄送我的：所有抄送单据在这里查看。

图 6.6.13　审批中心

3）设置模板，选择对应模板进行填写，如图 6.6.14 所示。

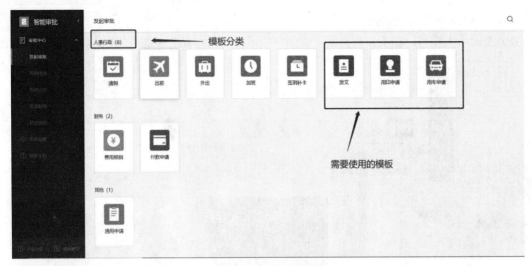

图 6.6.14　模板类别

4）红色星号标识为必填项，灰色部分为系统预设，其他信息根据情况进行填写，如图 6.6.15 所示。

图 6.6.15　审批单填写

5）查看个人发起的（已办、待办、抄送我的）单据基本内容，如图 6.6.16 所示。

标题/流水号	类型	发起时间	当前节点	审批状态
付款申请单 FKSQ2-20190701-003	付款申请单	2019-07-01 12:00	出纳确认付款	挂起
请单 FKSQ2-20190701-002	付款申请单	2019-07-01 11:55	出纳确认付款	挂起
签到补卡申请单 KQYCSQD-20190629-004	签到补卡申请单	2019-06-29 15:32		已完成
费用报销单 FYBX-20190629-001	费用报销单	2019-06-29 10:30		已完成
合作合同签订审批	合同签订审批	2019-06-29 10:17		已完成

图 6.6.16　审批单情况

6）过滤条件：根据标题、时间等进行筛选或分组，如图 6.6.17 所示。

图 6.6.17　过滤条件

7）审批设置。个人审批意见：更改一些自己常用的审批意见，方便直接做出审批意见；审批定时提醒：设置固定时间提醒，提醒您未审核的单据，防止事情遗忘；审批结束后，审批单据会携带审批意见在单据下方显示，如果设置了个性签名，就会将审批人的正常文字替换为审批人签名，如图 6.6.18 所示。

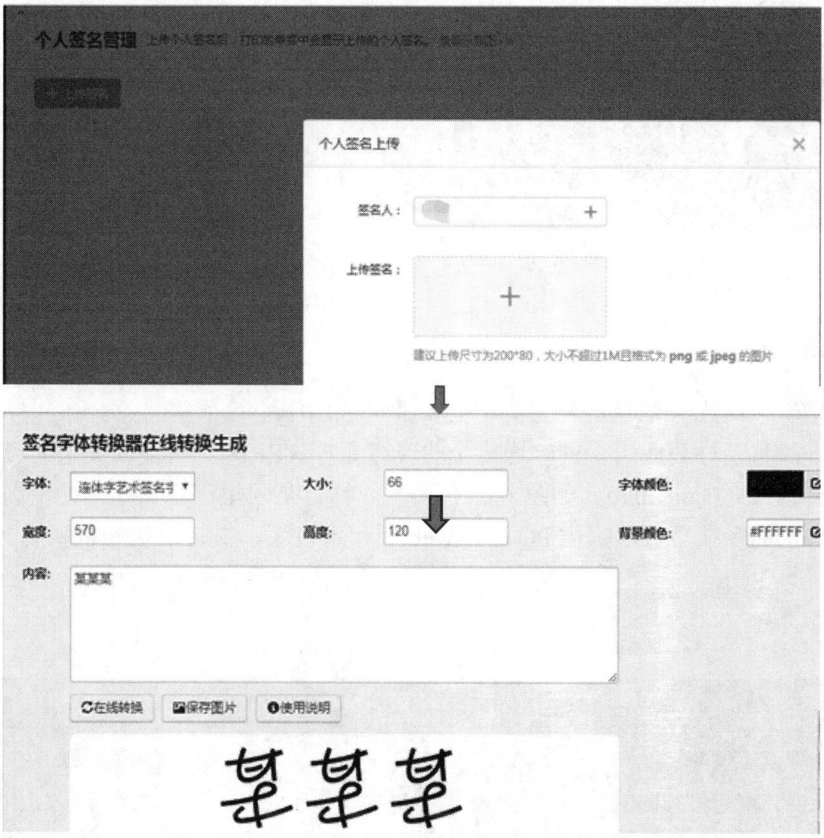

![图 6.6.18 签名]

图 6.6.18　签名

（5）移动端进行智能审批。一般在常用应用中、全部应用中选定相关智能审批，如图 6.6.19 所示。

注意：模板数据整理，方便查看与自己有关的数据；使用模板分类，方便自己查找需要使用的模板。

图 6.6.19　移动端应用中心及审批中心

【知识拓展】

"云之家"以组织、消息、社交为核心，通过应用中心接入第三方合作伙伴，向企业与用户提供丰富的移动办公应用，同时连接企业现有业务（ERP）。目前同类型的应用中运用比较广泛的还有钉钉（DingTalk），如图 6.6.20 所示。钉钉是阿里巴巴集团专为中国企业打造的免费沟通和协同的多端平台，提供 PC 版、Web 版和手机版，支持手机和电脑间文件互传。

图 6.6.20　钉钉

1. 个人账号注册

登录官方网站和各大应用市场皆可下载；使用手机安装后，进入即可看到个人注册按钮，点击即可使用手机号码注册钉钉账号。钉钉手机客户端提供了验证码登录方式，验证成功即可修改或设置密码。

2. 企业账号注册

登录官方网站点击企业注册按钮，即可立即进行企业注册，企业注册需要提供相应的营业执照，管理员身份证信息等。

3. 上传企业通讯录

登录官方网站，点击"企业登录"按钮后即可上传、管理企业人员及其联系信息。

4. PC 端组建团队

登录官方网站，点击"企业注册"按钮，即可立即进行团队注册。

5. 手机端组建团队

登录钉钉手机客户端，点击联系人栏目，点击添加按钮，点击创建团队。DING 消息的使用，登录钉钉手机客户端，点击 DING 栏目，点击 DING 一下按钮，设置发送方式、人群、时间、内容。

6. 建立企业群

登录钉钉手机客户端，点击右上角"+"按钮，选择"企业群聊天"，选择自己所在的企业，选择相应的部门。

【拓展训练】

自行注册一个钉钉账号。

【案例小结】

通过制作个人出差审批单案例，能更好地了解办公从 PC 端延伸至移动端。办公的时效性、通知的传达率能在移动端得到很好的提高。

参考文献

[1] 刘万辉. Office 2010 办公软件高级应用案例教程[M]. 北京：高等教育出版社，2017.

[2] 邓荣. 办公自动化项目化教程[M]. 北京：中国水利水电出版社，2017.

[3] 赖利君. Office 2010 办公软件案例教程[M]. 北京：人民邮电出版社，2018.

[4] 陈承欢. 常用工具软件应用[M]. 北京：高等教育出版社，2018.

[5] 国家职业技能鉴定专家委员会. 办公软件应用（Windows 平台）试题汇编[M]. 北京：北京希望电子出版社，2014.

[6] 宋诚英. 网络信息检索实例分析与操作训练[M]. 北京：电子工业出版社，2017.

[7] 李可. 办公自动化技术[M]. 北京：人民邮电出版社，2017.

[8] 钟滔. Office 2010 办公高级应用[M]. 北京：人民邮电出版社，2014.

[9] 艾华. Office 2010 办公应用立体化教程[M]. 北京：人民邮电出版社，2017.

[10] 林沣. Office 2010 办公自动化案例教程[M]. 北京：中国水利水电出版社，2017.

[11] 李观金. Office 高级应用项目式教程[M]. 北京：中国水利水电出版社，2019.